大气科学研究与应用

(2013·1)

(第四十四期)

上海市气象科学研究所 编

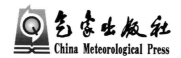

气象出版社
China Meteorological Press

图书在版编目(CIP)数据

大气科学研究与应用.2013.1/上海市气象科学研
究所编. —北京:气象出版社,2013.12
ISBN 978-7-5029-5852-7

Ⅰ.①大… Ⅱ.①上… Ⅲ.①大气科学-文集 Ⅳ.①P4-53

中国版本图书馆 CIP 数据核字(2013)第 286547 号

出版发行 气象出版社
地　　　址:北京市海淀区中关村南大街 46 号　　　　邮政编码:100081
总 编 室:010-68407112　　　　　　　　　　　发 行 部:010-68409198
网　　　址:http://www.cmp.cma.gov.cn　　　E-mail:qxcbs@cma.gov.cn
策划编辑:沈爱华　　　　　　　　　　　　　　终　　审:周诗健
责任编辑:蔺学东　　　　　　　　　　　　　　责任技编:吴庭芳
封面设计:刘　扬
印　　　刷:北京中新伟业印刷有限公司
开　　　本:787 mm×1092 mm　1/16　　　　　　印　　张:8
字　　　数:205 千字
版　　　次:2013 年 12 月第 1 版　　　　　　　　印　　次:2013 年 12 月第 1 次印刷
定　　　价:25.00 元

本书如存在文字不清、漏印以及缺页、倒页、脱页等,请与本社发行部联系调换

前　言

　　《大气科学研究与应用》是由上海区域气象中心和上海市气象学会主办、上海市气象科学研究所编辑、气象出版社公开出版发行的大气科学系列书刊。

　　自1991年创办以来，每年2本，至今共出版了44本，刊登各类文章600多篇，共约700多万字，文章的作者遍及于全国各地气象部门和相关大专院校，文章的内容几乎涵盖了大气科学领域的各个方面，以及和气象业务有关的一些应用技术。经过历届编审委员会的努力，《大气科学研究与应用》发展成为立足华东、面向全国，以发表大气科学理论在业务应用和实践中最新研究成果为主的气象学术书刊，在国内具有一定的知名度。作为广大气象科研和业务技术人员进行学术交流的园地，受到了华东地区乃至全国气象台站、气象研究部门和相关大专院校师生（包括港、台）的欢迎。

　　从2005年开始，根据各方面的意见，我们对书刊的封面和部分版式、内容进行适当的调整，例如在目录中不再划分成论文、技术报告和短论等栏目，而统一按文章的内容进行编排，使之更为符合本书刊所强调的理论研究与实际应用相结合的特色。

　　从2007年第2期（总第三十三期）起，《大气科学研究与应用》被《中国学术期刊网络出版总库》全文收录。

　　从2009年第1期（总第三十六期）起，《大气科学研究与应用》部分文章以彩色印刷出版。

　　与此同时，希望继续得到大家的关心和热情支持，对书刊存在不足和今后发展提出宝贵意见和建议，使《大气科学研究与应用》能更好地为广大气象科技工作者服务。

《大气科学研究与应用》第三届编审委员会

主编　徐一鸣

大气科学研究与应用

(2013·1)

目　录

Contents

基于同现超越概率的热带气旋影响
与致灾风险评估方法及其应用

杨秋珍[1,2]　徐　明[1,2]　鲁小琴[1,2]

(1 中国气象局上海台风研究所　上海　200030；
2 中国气象局台风预报技术重点开放实验室　上海　200030)

提　要

热带气旋(TC)成灾是多因素共同作用复杂的非线性过程。在灾害应对能力无显著变化的前提下，成灾风险大小常与台风风雨影响强弱相一致。台风风雨越大，越趋于小概率事件时，导致严重灾害的可能性越大。本文引入 Copula 函数探讨 TC 风雨联合影响概率风险，依据气象随机现象在时间域与空间域分布上具等价性的原理，以 TC"海葵"对上海地区影响为例，建立了以日最大降水量、极大风速为边际分布、基于 Copula 的联合概率风险评估模型，并以台风风雨同现超越概率作为度量影响风险大小的判别依据。结果显示，风雨同现超越概率能很好地表征各地受 TC 影响风险程度，尤其对受灾严重的高风险区有相当准确的鉴判。这为根据气象资料评估极端事件影响风险程度的准确性提供了有价值的思路。

关键词　热带气旋影响　Copula 联合分布　同现超越概率　风险评估

0　引　言

热带气旋(以下简称 TC)是世界上致灾影响最大的自然灾害之一，具有发生频次高、影响面广、成灾度大等特征，历来对我国危害十分严重。其主要致灾因素是强风和暴雨，尤其在与风暴潮、天文潮相遇时所掀起的狂涛巨浪，常导致极其严重的致灾后果[1,2]。随着经济社会的高速发展，TC 致灾影响日趋加重，引起国际社会广泛关注。所以，近十多年来，不少学者致力于 TC 灾害损失预测及灾害风险评估的研究和探索，相关的模型及应用也日益成熟。国际上对飓风(Hurricane)损失风险评估的研究较多集中在风工程方面，尤其侧重结构易损性等方面[3~10]。国内早在 20 世纪 90 年代中期，卢文芳[11]用统计回归方法对上海台风灾情评估进行过研究。近 10 多年间 TC 灾害研究主要采用灾情指数、层次分析、模糊综合评判、灰色理论、神经网络等方法评估预测 TC 灾情或分析 TC 灾害风险[12~31]，取得了不少有价值的成果，但也存在一些问题。上述多数方法基本思路是先建立各类评估指标，由于主要是基于专家经验进行的，无法避免主观性；神经网络等人工智能法基于样本信息的先验知识，克服了专家经验的主观性，评价结果的准确性较高，但也

资助项目：国家重点基础研究发展计划(973 计划)"台风登陆前后异常变化及机理研究"第五课题"登陆台风强风暴雨及成灾机理研究"(2009CB421505)；科技部行业专项"台风灾情资料整编技术研究"(GYHY200906005)。

作者简介：杨秋珍(1963—)，女，上海人，高级工程师，主要从事气象事件影响及台风灾害风险评估方法研究。

E-mail：yangqz@mail.typhoon.gov.cn。

具有与回归方法向众数靠近的相同特性，不能较好地表征极端事件。另外，风险事件的发生是在多个影响因素共同作用下的随机事件，风险评估就是根据多个影响因素的状态确定事件可能处于的状态及其概率，不确定性是风险评估的本质特性，但上述方法都无法给出风险事件发生的概率，最终导致评价结论为确定性结论，不能反映风险事件的随机特性。近年，杨秋珍[32~34]等研发了基于致灾因子超越概率风险评估方法，一定程度上能对TC致灾风险强度进行客观描述，对TC致灾极端事件影响程度也能较好刻画。本文引入Copula连接函数，研究探讨TC风雨联合影响风险的恰当表达方式，建立致灾风险评估模型及基于联合概率的风险判据，并应用于TC影响风险空间分区评估。

1 思路及方法

1.1 思路要点

"风险"(risk)常指具有确定概率分布的不确定性[35~38]。气象事件在任何时空尺度上都具有一定程度的随机性。按照随机过程的遍历性原理，以时间域的频次为考察对象的单个测点的气象要素概率分布与以空间或质量占有数为对象的气象要素场空间概率分布，两者并无本质区别[39]。从理论上说，借助于概率分布函数（PDF）的适当解析形式可以对气象要素的水平空间分布非均匀性做出严谨的数学描述。而确定恰当的 PDF 描述函数是反映气象要素的水平空间分布的非均匀性特征的关键步骤[42]。

众所周知，TC 灾害的影响因素有多种，损失后果也有多重表现，同时它们间的相互关系也错综复杂。客观评估 TC 影响致灾风险须全面考量各类 TC 成灾风险因素的影响，但许多资料受部门协调的限制，难以快速获得。考虑到一定区域，在应灾能力（风险控制管理能力）无显著变化的前提下，TC 所带来的破坏损失主要源于与之相伴生的大风、暴雨等，承灾体（人、财、物、生态环境）受灾的轻重与 TC 风雨致灾因子的强弱是相一致的，当风雨强度趋于小概率事件时，超出设防能力可能性大，应对难度高，造成的破坏越严重，出现严重灾害的可能性也越大。相反，当风雨强度较小，趋于可遇机会大的常发事件时，灾情往往较轻或倾向无害甚或有益。可以推知，当风雨变量同时趋于极端情况时（都为小概率时），便有可能触发更极端联合事件，它是更小的小概率事件，成灾风险往往比单因子为小概率事件时更严重，出现巨灾的可能性更大。对于多个变量同时作用的随机现象的概率问题，适合依托多变量联合分布来加以研究，以联合概率值作为度量 TC 影响强度及致灾风险是较为恰当的，可对多个变量同时达到极值的随机现象的概率风险做出客观的度量。Copula 连接函数能将响应变量与解释变量联系起来，由于对随机变量没有必须服从正态分布的要求，适用面宽泛，有助于分析多因素相互作用的联合事件概率，近年来在金融、水文等领域得到较多应用。

1.2 基于联合分布的 TC 风雨影响风险评估

（1）Copula 函数与多维随机变量的联合分布

Sklar 定理给出了 Copula 函数和多维变量联合分布的关系，设 X,Y 为连续的两维随机变量，那么存在唯一的 Copula 函数 $C_\theta(\cdot)$，使得：

$$H(x,y) = C_\theta(F_X(x), F_Y(y)), \forall x, y \tag{1}$$

式中：$F_X(x)$ 和 $F_Y(y)$ 分别为 X,Y 的边沿分布函数，其中，$F_X(x) = P(X \leqslant x)$，$F_Y(y)$

$= P(Y \leqslant y)$；$H(x,y)$ 是具有边缘分布 $F_X(x)$ 和 $F_Y(y)$ 的联合分布函数[40~42]；$C_\theta(F_X(x), F_Y(y))$ 为 Copula 函数，θ 为 Copula 函数待定参数，取决于变量间协调性。

度量变量间协调性的指标有多种，其中 Kendall 秩相关系数 τ 既可描述变量之间的线性相关关系，还适用于描述变量之间非线性的相关关系。通过下式求得 Kendall 秩相关系数 τ：

$$\tau = P[(x_1 - x_2)(y_1 - y_2) > 0] - P[(x_1 - x_2)(y_1 - y_2) < 0] = 4\iint_1^2 C(s,t)\,ds\,dt - 1 \quad (2)$$

如果 τ 为正值，说明两个变量变化趋势是一致的，一个变量变大，另一个变量变大的可能性大；如果 τ 为负值，说明两个变量变化趋势是相反的，一个变量变大，另一个变量变小的可能性大；如果 τ 为零，则表明两个变量之间相互独立。

设 V, R 是风雨影响强度随机变量，(V, R) 是同一概率空间 $(\Omega, \mathfrak{I}, P)$ 上的二维随机向量，为了描述 (V, R) 的整体统计规律，引入联合分布函数的概念，称二元函数：

$$F(v,r) = P(V \leqslant v, R \leqslant r)，(v,r) \in R^2 \quad (3)$$

式(3)为 (V, R) 的联合分布函数，而 $F_V(v) = P(V \leqslant v)$，$F_R(r) = P(R \leqslant r)$，分别表示 V 与 R 的边沿分布。

对于 TC 风雨共同影响，关注的主要是以下事件：

$$E_{v,r}^\cap = (V > v) \bigcap (R > r) \quad (4)$$

式中：$E_{v,r}^\cap$ 表示事件中风和雨变量（极大风速 V、日最大降水量 R）同时超过某一特定值。而 $E_{v,r}^\cap$ 事件的超越概率称作同现超越概率 $P_\cap(v,r)$，本文中用以表征影响风险大小，定义如下：

$$P_\cap(v,r) = 1 - P(V \leqslant v \bigcap R \leqslant r) \quad (5)$$

$P_\cap(v,r)$ 表达的是风及雨皆超过各自某特定界限值的联合事件出现概率，其值越小，反映出风雨联合事件影响强度越大，而概率低的高强度风雨事件造成的灾情常较大；反之，出现概率高的一般风雨联合事件所造成的灾情往往较小。依据 $P_\cap(v,r)$ 与灾情的依存性，确立风险划分阈值标准。

（2）模型参数估计及适度检验[43~45]

随机变量分布概率模型参数估计通常由矩估计法、概率加权矩法、极大似然法等得到；拟合优度评价指标是选择分布线型的一个重要标准，这里引入两种用于评价分布模型能否很好地拟合变量实际分布的检验方法：Kolmogorov-Smirnov（K-S）法与离差平方和（OLS）最小准则。

Kolmogorov-Smirnov（K-S）检验方法：

评价联合分布理论频率与联合观测值的拟合程度的二维随机变量统计量 d_n 计算如下：

$$d_n = \max_{1 \leqslant i \leqslant n} \left\{ \left| F(x_i, y_i) - \frac{m(i)-1}{n} \right|, \left| F(x_i, y_i) - \frac{m(i)}{n} \right| \right\} \quad (6)$$

式中：$F(x_i, y_i)$ 为 (x, y) 的联合分布；$m(i)$ 为联合观测值样本中满足条件 $x \leqslant x_i$，$y \leqslant y_i$ 的联合观测值的个数；d_n 为经验分布函数与理论分布函数样本点上的偏差中的最大值，若 n 很大，则 $d_n\sqrt{n}$ 近似地服从分布 $\theta_n(\lambda)$，λ_a 为信度 α 下满足 $\theta(\lambda_a) = 1 - \alpha$ 的临界值，若 $d_n\sqrt{n} < \lambda_a$ 则接受原假设，即理论分布函数与经验分布函数无差异。

OLS 评价方法：

以离差平方和最小准则法（OLS）选取 OLS 最小的 Copula 作为连接函数。OLS 的计算公式如下：

$$OLS = \sqrt{\frac{1}{n}\sum_{i=1}^{n}(P_{ei} - P_i)^2} \tag{7}$$

式中：P_{ei}、P_i 分别为经验频率和理论频率，i 为样本序号。当 OLS 值越小时，模型拟合得越好。

2   上海应用实例

上海东濒东海，南临杭州湾，北界长江入海口，5—11 月间易受 TC 影响，常导致较大灾害损失。据统计，近 500 年间造成上海万人以上死亡的台风灾害多达 17 起。即使在防御能力相当强大的当今，仍不时遭灾[46]。如 0509 号"麦莎"、0513 号"卡努"、0716 号"罗莎"及 1211 号"海葵"都给上海带来较大灾害损失。为此，本文以"海葵"TC 对上海的影响为例，研究基于多变量联合分布的 TC 影响风险评估方法，从空间上对影响风险程度做出客观诊断，为防台减灾提供有效依据。

2.1   资料来源与处理说明

本文所用的气象资料是由上海市气象信息技术支持中心提供的"海葵"影响上海期间自动气象站风雨记录，资料起讫时间为 2012 年 8 月 7 日 00 时至 8 月 10 日 23 时，包括各地过程降水量、日最大降水量、时最大降水量，最大风速、极大风速及相应风向，各级最大风速、各级极大风速、各级降水量持续时间等。

文中涉及的灾情资料来于农林部门、因特网、民政部门公布的数据。并规定 TC 影响上海期间凡导致灾情损失后果（包括人、财、物、生态环境等受损）的地区为受灾地点，否则为非受灾影响地区。

2.2   TC"海葵"对上海影响基本情况

2012 年第 11 号强台风"海葵"，于北京时间 8 月 3 日 08 时在台湾以东约 2000 km 洋面（140.7°E，23.2°N）生成。生成后 48 h 内，较为稳定地向西北偏西方向行进；6 日 14 时至 8 日 03 时进入我国海域并迅速增强为强台风，移向由西转为西北；8 日 03 时 20 分登陆浙江象山县鹤浦镇，登陆时近中心附近最大风力 14 级，登陆后西北行至浙皖交界处停滞消亡（9 日 20 时）。其产生的风雨浪潮的影响范围广、强度大，给浙、沪、苏、皖等省市造成较严重灾害。

"海葵"中心位置离上海最近时仅 120 km 左右，受"海葵"影响，8 月 7—8 日上海地区普遍出现狂风暴雨，24 h 最大降水量仅崇明为暴雨，其他地区均为 100 mm 以上的大暴雨，嘉定降水量达 200 mm 以上（最大 1 h 降水量超过 50 mm），浦东、嘉定、松江＞25 mm 的有 2 个时次。各区县局本部测站的最大 24 h 降水量为 215.4 mm（嘉定站），非局本部测站最大值达 245 mm（市区鲁迅公园）。南部金山、奉贤、青浦地区出现 10～11 级大风，沿海及洋山地区在 12～13 级以上。期间，局本部测站的最大阵风风速除徐家汇外，均为 8 级以上，其中，浦东、宝山、闵行为 8 级，嘉定、海洋台、崇明、松江为 9 级，青浦、奉贤 10 级，金山 11 级；嘉定、海洋台、崇明、奉贤、青浦、金山的 8 级大风持续时间超过 10 h；非局本部测站如洋山与奉贤海湾测得最强风速达13级以上。

2.3　TC风雨影响强度边缘分布确定

据对台风灾害历史资料的研究结果，在众多影响上海的TC致灾因素中，与灾情程度最为密切，通过置信水平$\alpha = 0.01$极显著检验的是过程极大风速与最大日降水量。另外，TC的位置（离沪最近点距离）、强风暴潮与致灾的相关系数也达极显著水平。考虑到业务应用，必须考虑到资料的易得性，本文选取极大风速、24 h最大日降水量两个变量作为评判TC影响的关键因子。

"海葵"影响过程造成上海风雨地区分布的基本统计特征见表1。由表1看出，最大日降水量地区分布的数据峰度为负值，表明峰度比正态分布低，偏度系数大于零，为右偏（正偏）分布。极大风速地区分布数据的峰度也为负值（低于正态分布），但偏度系数小于零，为左偏（负偏）分布。可见，"海葵"风雨地区分布均为有偏分布。

表1　海葵风雨地区分布数据的基本特征

	最大日降水量	过程极大风速
平均值	122.5 mm	22.0 m/s
中位数	116.5 mm	22.4 m/s
标准差	55.6	5.11
峰度	-0.3329	-0.3174
偏度	0.2141	-0.2531

根据多种概率分布模型（Weibull分布、Gumbel分布、广义极值分布、GPD分布、P—Ⅲ分布及生物种群增长模型）对实际风雨致灾因子数据的拟合结果，应用参数估计及拟合优度检验方法进行筛选，发现Weibull分布适于拟合各地极大风速V的边缘分布函数，而生物种群增长模型适合拟合各地24 h最大日降水量R的边缘分布函数：

极大风速分布函数具体形式：

$$F_V(v) = 1 - e^{-\frac{(v-0.828)^{4.4638}}{e^{-14.026}}} \tag{8}$$

式中：拟合相关系数为0.9938；$OLS = 0.0241$，$d_n\sqrt{n} = 0.0709$，通过K-S检验，

最大日降水量分布函数具体形式：

$$F_R(r) = \frac{1.0649}{\left[1 + e^{(0.6876-0.0188r)}\right]^{\frac{1}{0.2579}}} \tag{9}$$

式中：拟合相关系数为0.9957；$OLS = 0.0264$，$d_n\sqrt{n} = 0.5221$，通过K-S检验。

同时，由TC海葵影响上海各地极大风速及最大日降水量，分别求得各自的累积频率F_{mv}、F_{mr}，将风雨边缘分布函数计算所得的$F_V(v)$、$F_R(r)$值对F_{mv}、F_{mr}的拟合情况由图1～图4给出。从图中看出，各边缘分布的理论曲线能够很好地拟合出边缘分布的实际概率，这也反映出用上述分布概率模型表示各地风雨的边缘分布是合理的。

2.4　风雨影响强度联合分布模型的构建

统计表明，TC极大风速与最大日降水量的Kendall秩相关系数为-0.1779，根据统计量 $|t_{实}| = \left| \dfrac{\gamma\sqrt{n-2}}{\sqrt{1-\gamma^2}} \right|$（$n$为样本数、$\gamma$为秩相关系数），计算出秩相关系数统计值

$|t_{实}| = 1.5552$,由于 $|t_{实}| < t_{0.01} = 2.6516$,未能通过置信水平 $\alpha = 0.01$ 显著性水平检验,说明风雨两变量之间无显著的相依性。

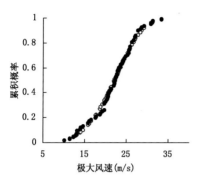

图 1　极大风速空间分布累积概率
拟合值与经验值比较

(实心黑点为实际值,空心点为理论值)

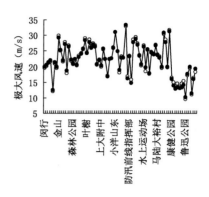

图 2　极大风速空间分布拟合值与
实际值比较

(实心黑点为实际值,空心点为拟合值)

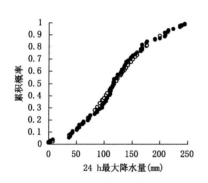

图 3　24 h 最大降水量空间分布累积概率
拟合值与经验值比较

(实心黑点为实际值,空心点为理论值)

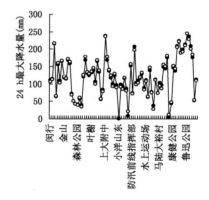

图 4　24 h 最大降水量空间分布拟合值与
实际值比较

(实心黑点为实际值,空心点为拟合值)

根据不同的 Copula 函数对于变量相依性适应范围,本文选择 $Ali - Mikhail - Haq$ (AMH) Copula 函数来构造联合分布函数。因为(AMH)Copula 函数能描述正相关或负相关的随机变量,但是不适用于非常高的正相关性或负相关性,

(AMH)Copula 函数如下:

$$C(s,t) = \frac{st}{[1 - \theta(1 - s)(1 - t)]} \,,\, \theta \in [-1,1) \qquad (10)$$

式中: $s = F_V(v)$、$t = F_R(r)$ 分别为 TC 海葵影响上海各地极大风速与最大日降水量的边缘分布函数;θ 为(AMH)Copula 函数的参数,本文采用 Genest 和 Rivest 等提出的非参数估计方法进行估计,其优点在于不用假设边际分布,有助于降低因边际分布的假设不当而带来的误差,它与 Kendall 秩相关系数 τ 关系如下:

$$\tau = (1 - \frac{2}{3\theta}) - \frac{2}{3}\left(1 - \frac{1}{\theta}\right)^2 \ln(1 - \theta) \,,\, \theta \in [-1,1) \qquad (11)$$

解上述方程得到 $\theta = 0.9749$，得到 $(v,r) \in R^2$ 的 (AMH) Copula 模型具体形式为 $F(v,r) = C(s,t)$。

由各地极大风速 V、最大日降水量 R 实测数据，求得 (AMH) Copula 计算的理论联合分布概率值 $F(v,r)$ 对风雨经验联合分布概率 F_{emp}（为 $V \leqslant v_i$，$R \leqslant r_i$ 的累积频率值）的拟合相关系数为 0.9877，将两者绘于图 5 中；各地的拟合情况见图 6。

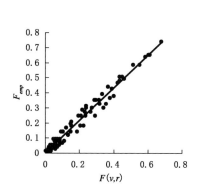

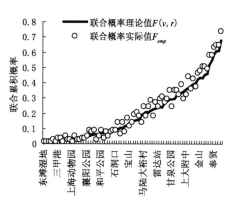

图 5　极大风速与 24 h 最大降水量地区分布　　　图 6　各地联合累积概率和理论累积概率
联合经验累积概率和理论累积概率的比较

根据 OLS 准则、K-S 检验法计算的 $F(v,r)$ 对 F_{emp} 的拟合优度结果见表 2。

表 2　$F(v,r)$ 拟合优度检验

	统计量	计算值
OLS 准则	$\sqrt{\dfrac{1}{n}\sum\limits_{i=1}^{n}(P_{ei}-P_i)^2}$	0.0362
K-S 测验	$d_n\sqrt{n}$	$0.6318 < \lambda_\alpha$

另外，由统计值 $F = \dfrac{\gamma^2(n-2)}{1-\gamma^2}$（$n$ 为样本数、γ 为相关系数），计算上述联合分布函数的 $F = 2952.7$，由于 $F > F_{0.01}(f_1,f_2) = F_{0.01}(1,74) = 6.996$，可见所建风雨联合分布函数通过置信水平 $\alpha = 0.01$ 极显著检验。

由此可见，计算所得各地极大风速 v、最大日降水量 r 的理论联合概率与经验联合频率吻合度较高，表明边缘分布及其参数的选择是合理的，风雨联合分布函数对风雨影响程度地区分布的拟合精度较高，适用于描述影响风险地区分布。

2.5　风险程度划分阈值判据的确立与应用

由上得出上海地区风雨影响风险程度地区分布评判标准的同现超越概率 $P_\cap(v,r)$ 计算式：

$$P_\cap(v,r) = 1 - (1 - e^{-\frac{(v-0.828)^{4.4638}}{e^{-14.026}}}) - \frac{1.0649}{[1+e^{(0.6876-0.0188r)}]^{\frac{1}{0.2579}}} +$$
$$\frac{(1 - e^{-\frac{(v-0.828)^{4.4638}}{e^{-14.026}}})\left\{\dfrac{1.0649}{[1+e^{(0.6876-0.0188r)}]^{\frac{1}{0.2579}}}\right\}}{1 - 0.9749(1 - e^{-\frac{(v-0.828)^{4.4638}}{e^{-14.026}}})\left\{1 - \dfrac{1.0649}{[1+e^{(0.6876-0.0188r)}]^{\frac{1}{0.2579}}}\right\}} \quad (12)$$

　　将各地"海葵"影响造成的直接经济损失、农作物成灾面积、受灾人口、倒塌或严重损坏房屋间数,转换成以累积频率表示的各类灾情指标(表3)。统计显示,$P_\cap(v,r)$ 与各类灾情指标均为负相关,其中,与直接经济损失、农作物成灾面积及综合灾情程度指标等相关性置信概率都在 95% 以上,说明 $P_\cap(v,r)$ 之值越小的地区,灾情越严重。可见,风雨同现超越概率 $P_\cap(v,r)$ 也能较好反映灾情风险大小地区分布。图7~图9给出了 $P_\cap(v,r)$ 与 F_{m1}、F_{m4}、F_{m12345} 的对应关系。

表3　$P_\cap(v,r)$ 与各地灾情指标的相关系数

灾情程度指标	灾情程度指标含义	灾情程度与 $P_\cap(v,r)$ 间相关系数
F_{m1}	直接经济损失累积频率	-0.7344
F_{m2}	倒塌房屋间数累积频率	-0.6125
F_{m3}	严重损坏房屋间数累积频率	-0.4735
F_{m4}	农作物成灾面积累积频率	-0.7917
F_{m5}	受灾人口累积频率	-0.5711
F_{m12345}	F_{m1}、F_{m2}、F_{m3}、F_{m4}、F_{m5} 之平均	-0.7814

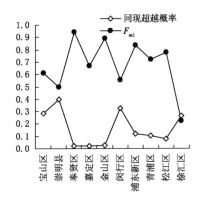

图7　$P_\cap(v,r)$ 与直接经济损失
指标 F_{m1} 关系

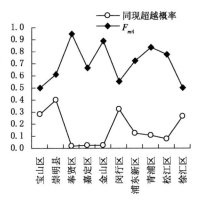

图8　$P_\cap(v,r)$ 与农作物成灾面积
指标 F_{m4} 的对应关系

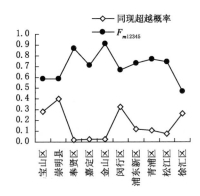

图9　$P_\cap(v,r)$ 与综合灾情指标 F_{m12345} 的对应关系

　　同时,参照受灾损失风雨标准,建立不同 $P_\cap(v,r)$ 所对应的影响风险程度判据如表4所示。

表4　TC海葵对各地影响风险程度阈值判据

$P_\cap(v,r)$	影响风险程度分类
<0.05	特高风险区
0.05~0.15	高风险区
0.15~0.30	中等风险区
0.30~0.45	轻度风险区
≥0.45	基本无风险区

根据表4中$P_\cap(v,r)$划分标准,"海葵"对上海各地风雨联合影响风险程度分布见图10。从图10中看出,特高风险区与高风险区主要位于金山、奉贤、嘉定及市区普陀、虹口、闸北等地,而崇明大部基本无致灾风险,杨浦、闵行及浦东部分地区致灾风险较小。其评估结果与实际灾情程度地区分布比较吻合。

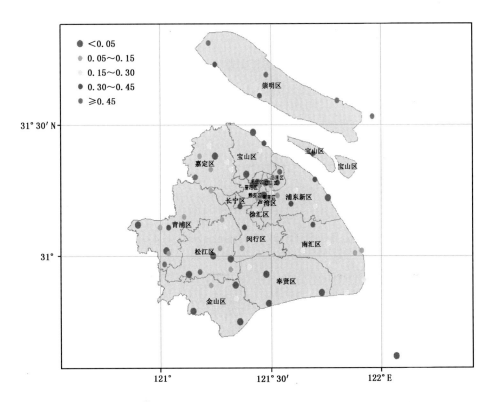

图10　$P_\cap(v,r)$阈值与"海葵"对上海风雨联合影响风险地区分布

3　主要结论

(1)灾情轻重在应灾能力无显著变化的前提下,常与台风风雨的影响强弱相一致;风雨强弱可用其超越概率示之。台风风雨越大,越趋于小概率事件,被超过的可能性越小,导致严重灾害的可能性越大。相反,不利影响风险小。

（2）提出了以 TC 致灾因子空间分布联合概率来表征 TC 影响风险地区分布的思路，建立了与上海地区灾情显著相关的 TC 日最大降水量、过程极大风速为边际分布的联合概率模型，以风雨同现超越概率大小作为评判 TC 影响风险程度的准则，结合上海各地实测资料评估了"海葵"影响风险程度的空间分布。

（3）对比收集到的灾情实况资料，据此基于风雨同现超越概率大小为 TC 影响风险程度划分准则的评估方法能够较为客观地表达各地实际受灾风险大小，并便于识别巨灾的空间分布。

（4）本文探讨了风险因素之一即致灾因子对风险的影响，虽然这是影响风险大小的最主要因素，但台风灾害毕竟是涉及多个变量共同作用的复合事件，是一个致灾因子、受灾对象（承灾体）的物理暴露与脆弱性以及减轻风险能力相互关联的复杂非线性过程，因此，对其他风险因素的影响的表达有待进一步的探讨。

致谢：上海市气象信息技术支持中心陈春红为本文提供了上海地区"海葵"影响期间的自动站观测资料。

参考文献

[1] Xu Ming, Yang Qiuzhen, *et al*. Impacts of Tropical Cyclones on Lowland Agriculture and Coastal Fisheries of China// Natural Disasters and Extreme Events in Agriculture (Impacts and Mitigation) [M]. Springer Berlin Heidelberg, 2005:137-144.

[2] Yang Qiuzhen, Xu Ming, Duan Yihong, *et al*. Typhoon Disaster Impacts on Public Safety of Shanghai And Its Mitigation Strategy//Proceedings of the World Engineers Convention 2004, Vol. D (Environment Protection and Disaster Mitigation) [M]. Beijing: China Science and Technology Press, 2004:623-626.

[3] Jagger T, Elsner J B, and Niu X. A dynamic probability model of hurricane winds in coastal countries of the United States[J]. *Appl. Meteor*, 2001, **40**: 853-863.

[4] Darling R W R. Estimating probabilities of hurricane wind speeds using a large-scale empirical model[J]. *Climate*, 1991, **4**(10): 1035-1046.

[5] Georgiou P N, Davenport A G, and Vickery P J. Design wind speeds in regions dominated by tropical cyclones[J]. *Wind Eng. Ind, Aerodyn*, 1983, **13**: 139-152.

[6] Nelson J, O'Brien D Scott, and Webb T. Model estimates hurricane wind speed probabilities[J]. *Eos*, 2000, **81**: 433-438.

[7] Russell L R. Probability distributions for hurricane effects [J]. *Wtrwy.*, *Harb. and Coast. Engrg. Div*, ASCE, 1971, **97**(1): 139-154.

[8] Landsea C W, and Pielke R A, Jr. Normalized hurricane damages in the United States: 1925-1995 [J]. *Wea. and Forecast*, 1998, **13**: 621-631.

[9] Vickery P J, Skerjl P F, and Twisdale L A. Simulation of hurricane risk in the U. S. using empirical track model[J]. *Struct. Eng.*, 2000, **126**: 1222-1237.

[10] Cobaner M, Unal B, and Kisi O. Suspended sediment concentration estimation by an adaptive neuro-fuzzy and neural network approaches using hydro-meteorological data [J]. *Journal of Hydrology*, 2009, **367**(1-2): 52-61.

[11] 卢文芳.上海地区热带气旋灾情的评估和灾年预测[J]. 自然灾害学报, 1995, **4**(3):40-45.

[12] 林继生,罗金铃.登陆广东的热带气旋灾害评估和预测模式[J].自然灾害学报,1995,4(1):92-97.

[13] 梁必骐,樊琦,杨洁等.热带气旋灾害的模糊数学评价[J].热带气象学报,1999,15(4):305-311.

[14] 樊琦,梁必骐.热带气旋灾情的预测及评估[J].地理学报,2001(增刊):52-56.

[15] 樊琦,梁必骐.热带气旋灾害经济损失的模糊数学评测[J].气象科学,2000(3):360-366.

[16] 钱燕珍,何彩芬,杨元琴,王继志.热带气旋灾害指数的估算与应用方法[J].气象,2001,27(1):14-18.

[17] 丁燕,史培军.台风灾害的模糊风险评估模型[J].自然灾害学报,2002,11(1):34-43.

[18] 周俊华,史培军,范一大等.西北太平洋热带气旋风险分析[J].自然灾害学报,2004,13(3):146-151.

[19] 刘玉函,唐晓春,宋丽莉.广东台风灾情评估探讨[J].热带地理,2003,23(2):119-122.

[20] 李春梅,罗晓玲,刘锦銮,何健.层次分析法在热带气旋灾害影响评估模式中的应用[J].热带气象学报,2006,22(3):223-228.

[21] 陈香.福建省台风灾害风险评估与区划[J].生态学杂志,2007,26(6):961-966.

[22] 马清云,李佳英,王秀荣等.基于模糊综合评价法的登陆台风灾害影响评估模型[J].气象,2008,34(5):20-25.

[23] 张斌,陈海燕,顾骏强.基于GIS的台风灾害评估系统设计开发[J].灾害学,2008,23(1):47-50.

[24] 石蓉蓉,雷媛,王东法等.1949—2007年影响浙江热带气旋灾情分析及评估研究[J].科技通报,2008,24(05):612-616.

[25] 雷小途,陈佩燕,杨玉华等.中国台风灾情特征及其灾害客观评估方法[J].气象学报,2009,67(5):875-883.

[26] 陈佩燕,杨玉华,雷小途.我国台风灾害成因分析及灾情预估[J].自然灾害学报,2009,18(1):64-73.

[27] 孙伟,高峰,刘少军等.海南岛台风灾害损失可拓评估方法及应用[J].热带作物学报,2010(2):319-324.

[28] 陈海燕,严洌娜,娄伟平等.热带气旋致灾因子综合影响强度评估指标研究[J].热带气象学报,2011,27(1):139-144.

[28] 陈惠芬.热带气旋灾害等级预评估方法初探[J].自然灾害学报,2011(5):136-140.

[30] 张忠伟,张京红,赵志忠等.基于GIS的海南岛台风灾害致灾因子危险性分析[J].安徽农业科学,2011(11):6587-6590.

[31] 陈仕鸿,隋广军,唐丹玲.一种台风灾情综合评估模型及应用[J].灾害学,2012,27(2):87-91.

[32] 杨秋珍,徐明,李军.热带气旋对承灾体影响利弊及巨灾风险诊断方法研究[J].大气科学研究与应用,2009,37:1-20.

[33] Yang Qiuzhen, Xu Ming. Preliminary study of the assessment of methods for disaster—inducing risks by TCs using sample events of TCs that affected Shanghai[J]. *Journal of Tropical Meteorology*,2010,16(3):299-304.

[34] 杨秋珍,徐明,李军.对气象致灾因子危险度诊断方法的探讨[J].气象学报,2010,68(2):277-284.

[35] 张波,张景肖.应用随机过程[M].北京:清华大学出版社,2004:3-19.

[36] http://www.circ.gov.cn/web/site47/tab4313/

[37] http://baike.baidu.com/view/136531.htm

[38] 张继权,李宁.主要气象灾害风险评价与管理的数量化方法及其应用//黄崇福,倪晋仁,吴宗之,等编."风险分析与危机反应"国际丛书[M].北京:北京师范大学出版社,2007:537.

[39] http://blog.sciencenet.cn/blog-3100-5987.html

[40] 史道济.实用极值统计方法[M].天津:天津科学技术出版社,2006:138-177.

[41] 鲍兰平. 概率论与数理统计[M]. 北京：清华大学出版社，2005：47-142.

[42] 屠其璞，王俊德，丁裕国等. 气象应用概率统计学[M]. 北京：气象出版社，1984：208-216.

[43] 丁裕国. 探讨灾害规律的理论基础—极端气候事件概率[J]. 气象与减灾研究，2006，29(1)：44-50.

[44] 黄嘉佑. 气象统计分析与预报方法（第三版）[M]. 北京：气象出版社，2004：298.

[45] http://baike.baidu.com/view/2327686.htm

[46] 薛正平. 台风暴雨和暖冬对绿叶菜价格影响初探[J]. 大气科学研究与应用，2008，34：44-51.

A Mixed Probability Method Based on Copula Theory for Measuring Tropical Cyclone Disaster Risk and Its Application

YANG Qiuzhen[1,2]   XU Ming[1,2]   LU Xiaoqin[1,2]

(1 *Shanghai Typhoon Institute of CMA*, *Shanghai*   200030；
2 *Laboratory of Typhoon Forecast Technique*, *Shanghai*   200030)

Abstract

The forming of tropical cyclone catastrophe is a complex non-linear process, and the result by the interactions of the tropical cyclone hazard, the exposure and the vulnerability of the disaster-prone object. On the condition that the resilience or the vulnerability remains relatively stable, the risk of disaster-forming or the extent of disaster is usually consistent with the intensity of affecting rain and wind. When a place is attacked by a small probability tropical cyclone event with strong rain and wind, it has great likelihood to exceed its local prevention criteria and lead to severe disasters. Thus the criterion can be set up for impacting risk assessment according to the probability of the influential rain and wind. This paper introduces mixed copula function to discuss TC joint risk probability, the equivalence principle of the distribution of the ergodic stochastic process in time domain and in space domain is applied, and the impact of 1211TC"Haikui"on Shanghai is used as an example. A multivariate compound distribution model of TC rain and wind impact is set up, the model is based on the marginal distribution of regional extreme value of daily rainfall and regional extreme value of gust wind. The exceedance probability of co-occurrence TC rain and wind derived from the multivariate compound distribution model can indicate the risk level accurately, especially in the high risk area of severe disaster. It provides a practical idea of applying meteorological data to improve the risk assessment of extreme event, and it also provides an objective reference for risk management and resource arrangement.

上海地区近 12 年暴雨个例分型及预报要点

朱佳蓉　　漆梁波

（上海中心气象台　上海　200030）

提　　要

本文应用上海地区 2001—2012 年共 133 个暴雨天气个例资料,统计分析了暴雨天气的年际变化、月际变化特征,产生暴雨天气的天气形势分型及其预报要点。结果表明:(1)上海地区的暴雨主要出现在夏季(6—8 月);(2)上海地区的暴雨天气主要分成静止锋雨带、副高边缘强对流、台风本体或外围螺旋雨带、台风倒槽、暖式切变线(暖区辐合线)、低槽冷锋、江淮气旋等 7 种类型,其中以静止锋雨带及副高边缘强对流型占据大多数(约 62.4%);(3)不同类型的暴雨个例其预报侧重点不同,除了天气系统配置外,不同暴雨类型的水汽来源各有不同;不同方向的急流交汇处最易产生暴雨,高低空急流的耦合利于降水的增强。

关键词　暴雨　天气形势　分型　预报要点

0　引　言

暴雨是上海地区高发的灾害性天气,尤其是覆盖范围广、强度大、雨量集中的暴雨,还能引起洪水泛滥,对农业生产、航空、航海、交通运输等造成极大的危害。因此,对暴雨过程的诊断分析和预报研究一直受到气象工作者的广泛关注,国内外的众多研究取得了许多有价值的成果。姚祖庆、曹晓岗、朱周平等通过对上海和浙北地区暴雨、大暴雨过程个例分析总结出一些暴雨的形成原因[1~3];尹东屏[4]重点分析了 2003 年和 2006 年江淮流域梅雨期暴雨大尺度特征对比;漆梁波、杨露华等对上海地区强对流所造成的灾害天气过程进行总结[5,6];张艳等[7]对切变线暴雨进行综合的诊断分析;刘建国等[8]对山西大同地区暴雨的天气气候特征和形成机制进行了系统的分析与研究,表明按照中低层天气系统,可分为低涡暴雨、西风槽暴雨及切变线暴雨;周功铤等[9]分析了浙南梅汛期 17 次大暴雨个例的天气形势场、物理量场(包括 Q 矢量散度场),给出大暴雨发生时的天气形势分型以及物理量场特征,结果表明,采用温度场为主的大暴雨天气形势分型简明实用。

不同的天气形势会造成不同的暴雨落区和雨量大小,但即使在相似的形势背景下,影响系统在位置、强度上有细微的差别,造成的暴雨落区和雨量也千差万别。因此,加强对暴雨天气的分析研究,提高对暴雨过程的预报能力十分重要。本文利用常规气象观测资

资助项目:中国气象局预报员专项项目(CMAYBY2012-020)。

作者简介:朱佳蓉(1971—),女,上海人,高级工程师,主要从事短期暴雨研究,长期从事天气预报实际工作。

料,对 2001—2012 年出现的暴雨过程进行统计分析,根据主要影响系统进行分型,并对每一类型暴雨过程归纳出概念模型和预报要点,供业务预报员使用,以期为进一步提高上海地区暴雨天气的预报准确性提供有用的参考依据。

1　上海地区暴雨的年际和月季变化特征

依据上海地区 11 个区县基准站的每天 24 h(08 时至次日 08 时)雨量资料,只要在该时段内有一个站出现 50 mm 或以上降水量即为一个暴雨个例。普查 2001—2012 年逐日雨量资料,确定了 133 个暴雨历史个例,形成"暴雨天气个例表"(表 1)。从表 1 可以看出,近 12 年上海地区的暴雨主要出现在夏季(6—8 月),占暴雨总数的 78.2%。

表 1　2001—2012 年上海地区逐年暴雨天气月频数

	1月	2月	3月	4月	5月	6月	7月	8月	9月	10月	11月	12月	合计
2001	1					5	2	6					14
2002					1	3	2	5	1				12
2003						2	1	4	2				9
2004					1	2	2	2	1			1	9
2005					1		2	3	2				8
2006			1		1	3	3				1		9
2007						2	1	3	1	2			9
2008					2	5	2	4	2				15
2009						4	5	5	2		1		17
2010			1			1	2	5	1	1			11
2011						5	3	3		1			12
2012				1		3	2	2					8
合计	1	0	2	1	6	35	27	42	12	4	2	1	133

在上海地区近 12 年 133 个暴雨天气的总样本中,从年际变化分布图(图 1a)可见,2001—2012 年间,2008 年、2009 年出现的暴雨个数较多,分别为 15 个和 17 个,最少的年份为 2005 年和 2012 年(均为 8 个),2003—2007 年每年的暴雨个数基本一致。从月际分布图(图 1b)可见,8 月份出现最多,其次是 6 月和 7 月,而 2 月无暴雨日,1 月、4 月和 12 月各出现 1 次。总体上看,暴雨日主要出现在夏季。

另外,如果以出现 2 站及以上为多站暴雨,则在 133 个个例中,单站暴雨个数为 71 个,占暴雨总数的 53.4%,其中在年际变化分布中(图 2a),2002、2003、2004、2009、2011 年单站暴雨个数多于多站暴雨个数,特别是 2003 年 9 个个例中有 8 个出现单站暴雨。而在月际分布图中(图 2b),出现在暖季(6—9 月)的暴雨中,均是单站暴雨居多,3 月、4 月和 12 月为单站暴雨。

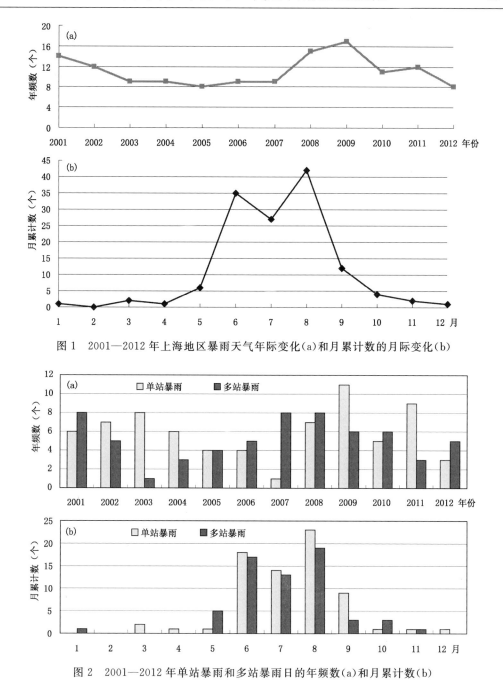

图 1 2001—2012 年上海地区暴雨天气年际变化(a)和月累计数的月际变化(b)

图 2 2001—2012 年单站暴雨和多站暴雨日的年频数(a)和月累计数(b)

2 上海地区暴雨天气的分型及预报要点

依据各层环流形势、地面气压场类型和云图特征等将上海地区暴雨天气形势主要分为以下 7 种类型(表 2)：静止锋雨带、副高边缘强对流、台风本体或外围螺旋雨带、台风倒槽、暖式切变线(暖区辐合线)、低槽冷锋、江淮气旋。另外，有 3 个个例属于特殊类型，按影响系统则不属于上述几类，如 2004 年 8 月 17 日 0416 号台风"鲇鱼"沿 125°E 北上转向,位置偏东,但也造成了局地暴雨天气;2008 年 9 月 16 日 0813 号台风"森拉克"已东移,其主体云系全部在海上,午后只在上海地区有一小片对流云系,造成局地暴雨;2009 年 7 月 2 日则是高空冷涡后部激发的对流天气。统计结果表明:上海地区暴雨天气以静止锋雨带及副高边缘强对流型占据大多数(约 62.4%)。

表 2　2001—2012 年上海地区逐年各类暴雨天气的年频数

年份	静止锋雨带	副高边缘强对流	台风本体或外围螺旋雨带	台风倒槽	暖式切变线（暖区辐合线）	低槽冷锋	江淮气旋	特殊类型	合计
2001	8	2	1	2			1		14
2002	4	2	1	1	3		1		12
2003	3	5			1				9
2004	2			2	3		1	1	9
2005	1	2	4			1			8
2006	2	3		1	1	1	1		9
2007	2	2	3	1	1				9
2008	9	1	3	1				1	15
2009	5	7	1		2	1		1	17
2010	3	5		2		1			11
2011	4	5			2	1			12
2012	4	2	1			1			8
合计	47	36	14	10	13	6	4	3	133
百分比(%)	35.3	27.1	10.5	7.5	9.8	4.5	3.0	2.2	

　　以下将逐类分析其形势配置特点和预报分析要点。其中,概念模型图分析中的各种标识说明见表 3,在 24 h 降水量图中仅显示日降水≥25 mm 的站点。

表 3　概念模型图分析中的各种标识说明

图标	说明	图标	说明
500	500 hPa 槽线		地面冷、暖锋
700	700 hPa 低涡切变线		静止锋
850	850 hPa 低涡切变线	地面	地面辐合线
700	700 hPa 急流(≥12 m/s)	◯	850 hPa≥16℃的等露点线
850	850 hPa 急流(≥12 m/s)	◌	700 hPa T−T_d≤3℃区域

2.1　静止锋雨带型

　　这种类型多出现在梅雨期内,但有时在盛夏季节冷空气势力较强,副高明显南移,长江中下游地区也可有静止锋雨带,本文也把它归为这一类。其环流和形势特点与典型梅雨期形势类似:500 hPa 上副高脊线在 22°～25°N,中纬度有短波槽东移,700 hPa、

850 hPa上为江淮切变线，切变线以南有一与之近乎平行的低空急流，有时切变线上有低涡东移，地面图上则有静止锋停滞，有时有弱气旋发展，云图上显示静止锋云带上不断有对流云团生成，影响上海地区。概念模型见图3，雨带主要位于静止锋与切变线之间，暴雨多数分布在低涡移向的右前方、低空急流左侧。例如，2001年6月22日、2007年6月23日、2008年6月10日及2011年6月17日，上海地区都出现了范围较广的暴雨区。

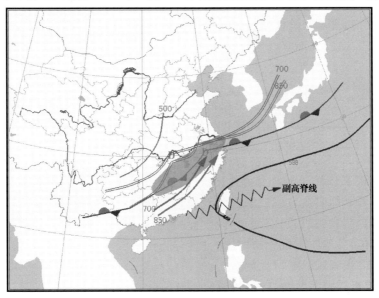

图3　静止锋雨带型暴雨概念模型图（阴影区为暴雨落区，余同）

　　对于静止锋雨带型暴雨的预报要点，首先要分析影响系统（高空低槽、中低层切变线、低空急流及地面倒槽、静止锋）及上下层系统的配置，其次是云图上云带的走向及引导气流。对于对流性降水要分析中小尺度系统、本地的不稳定能量、水汽条件等。另外，低空急流中除了西南急流外，北支西北急流也很重要，在两支冷暖性质不同的急流交汇处更能产生暴雨。

2.2　副高边缘强对流型

　　梅雨期结束后，副高加强西伸，脊线越过27°N，雨带北移至黄淮地区，上海进入盛夏季节，这种类型的暴雨多出现在7—8月，以局地强对流（短时强降水）为主，单站暴雨点居多。其形势特点大致可分为两类（图4）：一类是本地处在副高的西北边缘（图4a），整层一致西南风，西侧短波槽东移触发对流；另一类则是副高断裂为两环，本地处在大陆高压与副高之间的切变线附近或槽后西北气流中（图4b），由于低层为暖气团控制，槽后有弱的冷平流，上冷下暖层结不稳定，造成对流天气。该类型暴雨中地面气压场较弱（或本地处于低压倒槽内），由于海陆差异会形成地面辐合线。因此，上下层温度差异、上层干冷低层暖湿的湿度差异、短波槽、地面辐合线（切变线）等是主要触发因素。而云图上有东西向云带，云带尾部（或延长线上）往往有新对流云团发展。

　　这类暴雨过程多为强对流，且暴雨范围小，其预报要点除了常规天气图上的影响系统外，要重点分析中小尺度系统。对产生对流天气的三要素（水汽条件、不稳定层结条件及触发机制）仔细分析。前两者是内因，触发机制则是外因，是最重要的因素，包括天气系

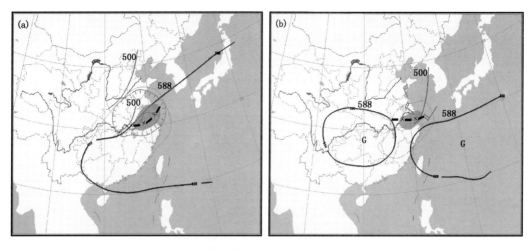

图4　副高边缘强对流型暴雨概念模型图

统造成的系统性上升运动、地形抬升作用及局地热力抬升。统计结果表明,在近12年副高边缘强对流型暴雨中,80%以上的个例在地面有切变线或辐合线存在,因此,及时发现或判断本地地面辐合线的出现位置和时间至关重要。

2.3　台风本体或外围螺旋雨带型

近12年中,由台风本体或外围螺旋雨带所造成的上海暴雨个例共14个,约占总数的10.5%,其台风路径见图5,可以看出,路径均为西北行,而后北上或转向类。影响时间最早的在7月上旬,最晚的在10月上旬。另外,类似2001年8月5日由减弱或变性的热带低压直接影响本地的过程也归为这一类。

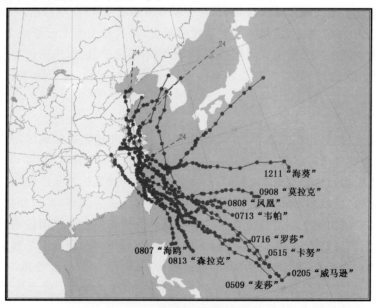

图5　2001—2012年台风本体或外围螺旋雨带型中的台风路径图

造成这类暴雨的天气形势特点是:西风带在70°～90°E地区出现长波槽,我国东部沿海为长波脊控制,中心位于黄海或日本海的副高正处在稳定的长波脊南侧,不断有暖平流补充或西部有暖高压并入，因而稳定强大（中心强度通常在 592 dagpm 以上），脊线一般在 32°N 以北，呈东西向或西北—东南向，此时台风受副高南侧东南气流控制，从正面登陆浙、闽一带，外围螺旋云带可影响本地。随着台风的西北移，副高脊线逐渐顺转，主体略有南落，台风继续北上，其本体往往能影响到上海。

对于这类由台风所造成的暴雨，其预报要点关键在于对台风路径、强度的预报，而台风的移动路径预报，主要着眼于副高和西风带槽脊的位置及其强度变化，其次也要注意热带其他低值系统、赤道辐合带、赤道反气旋及地形等作用。台风强度的预报须关注其本身的结构及结构的变化、环境流场对台风的影响、下垫面（海洋、地形）与台风环流的相互作用。云图上特别注意与西风槽、冷锋云系、赤道辐合带云系的结合。如 2008 年 7 月 19 日的暴雨过程就是由 0807 号台风"海鸥"所造成的（图6）。云图上显示台风结构呈明显的不对称性，其强雨带分布在南侧。而高空有短波槽东移，配合地面冷空气从台风的西侧侵入，使斜压不稳定增强，在太湖西侧有对流云团发展，造成江苏南部及上海松江区的暴雨。

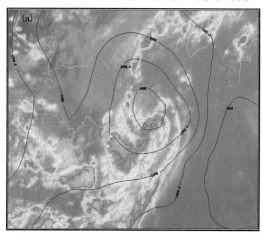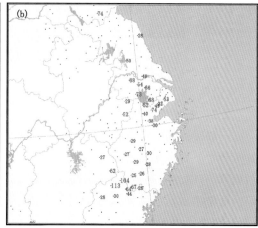

图6　2008 年 7 月 19 日 14 时红外云图、地面气压场、台风位置（a）和
19 日 08 时—20 日 08 时 24 h 降水量（b，单位：mm）

2.4　台风倒槽型

近 12 年中，由台风或热带低压倒槽伸向本地而造成的暴雨个例共 10 个，在 5—12 月均有发生。其形势特点是：500 hPa 上副高主体偏东，在 140°E 附近，其西侧的南或东南气流输送大量来自南海或西太平洋的水汽，低层 850 hPa 上华东东南沿海有南北向的切变线，切变线东侧伴有风速为 12 m/s 以上的低空急流，在南海北部、台湾海峡、福建沿海等地的地面低值系统倒槽伸向上海（图7），有时北侧有弱冷空气扩散，冷、暖空气的交汇有利于暴雨的产生。统计分析显示：多数暴雨区出现在低层流线或气压场气旋性曲率最大处或流线的倒槽内，以及流线箭头所指的正前方即气流的汇合处。

对于这类暴雨的预报要点，除了分析副高、西风槽对台风的移动路径、强度等影响外，还要注意台风倒槽、切变线的位置，有无与冷空气的结合，特别是高空急流、低空急流、超低空急流的位置和强度，不同方向的急流交汇处最易产生暴雨，高低空急流的耦合利于降水的增强。如 2008 年 6 月 27 日的暴雨是由 0806 号台风"风神"减弱后沿副高边缘东移而造成的，低压在东移过程中强雨区并不多，而在沿海偏东急流与西南急流交汇处雨量最

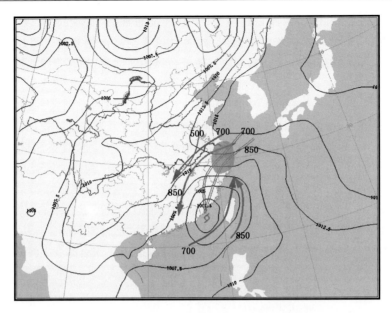

图 7　台风倒槽型暴雨概念模型图(实线为地面等压线)

大,宝山站 24 h 雨量达 137 mm。

2.5　暖式切变线(暖区辐合线)型

　　一般暖式切变线或辐合线上产生的暴雨范围较小,据统计,近 12 年中多为单站暴雨,其形势主要特点是低层 850 hPa 或以下层次在上海附近有暖式切变线存在(图 8),南侧西南风(有时达不到急流)输送暖湿气流,850 hPa 锋区在上海以北,本地处在暖区中,地面为低压槽或低槽南侧。由于白天升温,在切变线附近容易有对流发展造成暴雨天气。因此,这类暴雨多发生在暖季(6—9 月),但春季如果回暖明显,也会产生局地暴雨天气,如 2006 年 3 月 31 日的暴雨。

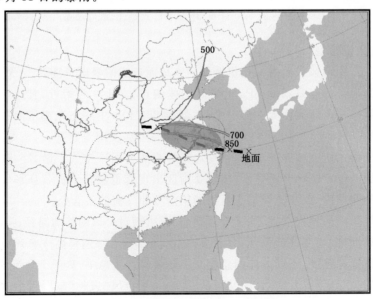

图 8　暖式切变线型暴雨概念模型图

由于这类暴雨属于强对流性质，暴雨范围小，暴雨的落区很难确定，因此，这一类型的暴雨预报要点还是要分析暖式切变线的位置（地面、925 hPa、850 hPa），它是重要的触发机制，其次要分析局地的不稳定条件（气温、K指数、SI指数、CAPE值等）、水汽条件等，云图的应用对短时监测也很重要。

2.6　低槽冷锋型

这类暴雨的特点是冷空气势力较强（图9），850 hPa上北支锋区明显，等温线密集（10个纬距内至少有3条及以上等温线，等温线间隔为4℃）；而前期长江流域及以南地区回暖明显，地面处在低压槽内或有低压倒槽向长江中下游伸展。随冷空气南下，冷暖空气的交汇造成大范围大到暴雨区。因此，这类暴雨区别于静止锋雨带类及台风倒槽型（有时南海、东南沿海有倒槽，但达不到热带风暴级别，把它归为这一类）。它多发生在春、秋季。如2006年11月22日、2009年11月9日、2010年3月2日的暴雨。

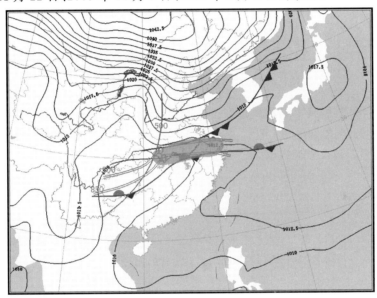

图9　低槽冷锋型暴雨概念模型图（实线为地面等压线）

对于这类暴雨过程，系统的整体配置，低空急流的位置、强度，特别是沿海不同性质急流的交汇、地面倒槽的位置等是主要的预报要点，上冷下暖层结的不稳定性（热力条件、水汽条件等相对较弱的春季、晚秋及冬季）也须注意。

2.7　江淮气旋型

分型中，把地面气压场上有明显的低压环流能分析出不少于一条闭合等压线的低压（主要在陆地上）所造成的暴雨过程归为江淮气旋类，概念模型见图10。有时在静止锋上也有低压波动，但强度较弱，或者入海后才发展为气旋，本文把它归为静止锋雨带型或低槽冷锋型。在近12年中，满足上述条件的个例仅3个。

江淮气旋有降水面积大、强度大、云层厚、持续时间长等特点。如果气旋形成位置偏西，而向东移，又有低空切变线、低空急流配合，则雨区中心移向与气旋中心路径一致。如果气旋形成位置偏东，向东北移动，则除了在气旋中心有暴雨外，冷锋经过的地区也可产生暴雨[10]。因此，对于这类暴雨的预报要点，仍要关注整层系统的配置、江淮气旋的移动

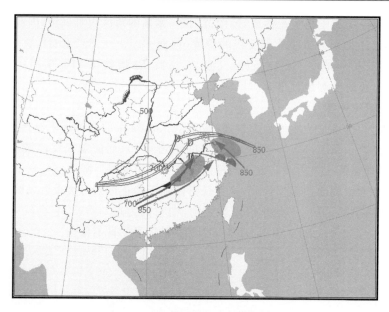

图 10 江淮气旋型暴雨概念模型图

路径、强度、冷空气的势力,沿海要特别注意不同层次、不同方向的急流,因为地面一般处在东高西低的形势下,气压梯度大,有利于低空急流、超低空急流的维持和增强,供应水汽,同时又加强了辐合上升运动。

3 结 语

(1) 通过对 2001—2012 年上海地区 133 个暴雨个例进行统计分析表明,大多数暴雨发生在夏季(6—8 月),尤以 8 月份出现最多,但在热力条件、水汽条件等相对较弱的其他季节(特别是冬、春季节),出现暴雨也是有可能的,只是出现概率较小,且时间跨度大,容易忽视,其形势配置特点和预报要点要高度重视。

(2) 依据各层环流形势、地面气压场类型等将上海地区暴雨天气形势主要分为 7 种类型:静止锋雨带、副高边缘强对流、台风本体或外围螺旋雨带、台风倒槽、暖式切变线(暖区辐合线)、低槽冷锋、江淮气旋。统计结果表明:上海地区暴雨天气以静止锋雨带及副高边缘强对流型占据大多数(约 62.4%)。

(3) 各类型暴雨的预报侧重点还是有所不同(表 4)。静止锋雨带类主要分析上下层系统的配置;对于以短时强降水为主、暴雨范围小的副高边缘强对流型,除依靠天气形势背景分析,还应着眼于强对流的构成要素分析(不稳定条件、水汽条件、抬升机制)。台风本体或外围螺旋雨带、台风倒槽型则须分析副高、西风槽对台风的移动路径、强度等影响,还要注意台风倒槽、切变线的位置,有无与西风槽、冷空气的结合,特别是低空急流、超低空急流的位置和强度,不同方向的急流交汇处最易产生暴雨,高低空急流的耦合利于降水的增强。暖式切变线型重点分析切变线的位置。其余两类则分析倒槽、气旋的位置、冷暖气流的交汇点、不同层次急流的交汇。

表4 各类型暴雨的分型标准和预报要点

类型	分型标准	预报要点
静止锋雨带	梅雨期间,地面有静止锋,雨带范围广	影响系统及上下层系统的配置,云图上云带的走向及引导气流
副高边缘强对流	副高加强西伸,脊线越过27°N,本地在副高边缘	环流背景,对流天气的三要素,云图特征
台风本体或外围螺旋雨带	台风本体、外围螺旋雨带	台风路径、强度的预报,与西风槽、冷空气的相互作用
台风倒槽	地面在南海北部、台湾海峡、福建沿海等地的低值系统倒槽伸向本地	台风倒槽、切变线的位置,有无与冷空气的结合,特别是低空急流、超低空急流的位置和强度
暖式切变线(暖区辐合线)	低层850 hPa或以下层次在上海附近有暖式切变线	切变线位置、云图特征
低槽冷锋	地面有低压倒槽发展,然后冷锋南下	地面倒槽的位置、冷空气的势力、低空急流位置、强度
江淮气旋	地面气压场上有明显低压环流,能分析出不少于一根闭合等压线的低压	整层系统的配置、江淮气旋的移动路径、强度,低空急流的交汇点

事实上,由于上海地理范围较小,即使在相同的环流背景下,暴雨的落区、雨量的大小也经常不同。因此,除了对形势的具体分析外,城市热岛效应、局地海陆风环流也应考虑,同时预报员的本地预报经验仍发挥着关键的作用。

参考文献

[1] 姚祖庆.上海"0185"特大暴雨过程天气形势分析[J].气象,2002,28(1):26-29.

[2] 朱周平.2008年浙北"6.10"大暴雨过程分析[J].大气科学研究与应用,2009,36:87-93.

[3] 曹晓岗,张吉,王慧等."080825"上海大暴雨综合分析[J].气象,2009,35(4):51-58.

[4] 尹东屏,曾明剑,胡海英等.2003年和2006年江淮流域梅雨期暴雨大尺度特征对比分析[J].气象,2008,34(8):70-76.

[5] 漆梁波,陈雷等.上海局地强对流天气及临近预报要点[J].气象,2009,35(9):11-17.

[6] 杨露华,尹红萍,王慧等.近10年上海地区强对流天气特征统计分析[J].大气科学研究与应用,2007,33:84-91.

[7] 张艳,袁超,孙丽娜等.一次切变线暴雨的综合诊断分析[J].现代农业科技,2010(8):285-289.

[8] 刘建国,胡建军,王丽莉.大同地区暴雨的天气分型及其成因的初步分析研究[J].山西气象,2004,67:11-14.

[9] 周功铤,叶子祥,余贞寿.浙南梅汛期大暴雨天气分型及诊断分析[J].气象,2006,32(5):67-73.

[10] 朱乾根,林锦瑞,寿绍文等.天气学原理和方法[M].北京:气象出版社,2007:142.

The Classification and Forecast Key Points of Heavy Rainfall over the Past 12 Years in Shanghai

ZHU Jiarong   QI Liangbo

(*Shanghai Meteorological Center, Shanghai   200030*)

Abstract

During 2001 to 2012, 133 heavy rainfall events occurred in Shanghai. Based on various types of data, interannual and monthly variations of those events were analyzed. Different types of synoptic situations which are favorable for heavy rainfall were found and forecast key points for each type were also studied. The results show as follows: (1) Heavy rainfall occurs mainly during summer time (June to August) in Shanghai. (2) There are basically 7 synoptic types for the heavy rainfall: stationary front rainband type, strong convection on the edge of the subtropical high, typhoon heavy rain or typhoon spiral rainband type, inverted typhoon trough type, warm shear line type (convergence line in the warm sector), cold front type, and Jianghuai cyclone type. Among them, most heavy rainfalls were of stationary front rainband type or strong convection on the edge of the subtropical high (about 62.4%). (3) Forecast points are different for each type of rainfall. Besides the different configuration of synoptic situations, rainfalls of different types have different sources of water vapor. Coupling of jet flow is favorable for the intensification of precipitation, heavy rainfalls tend to occur at the point where jet flows from different directions cross.

四种再分析温度资料与中国东南部
探空资料的对比分析

谢 潇[3]　祁 莉[2,3]　黄宁立[1]　何金海[2,3]

(1 上海海洋气象台　上海　200000；2 南京信息工程大学气象灾害省部共建教育部
重点实验室　南京　210044；3 南京信息工程大学大气科学学院　南京　210044)

提　要

本文基于 NCEP/NCAR(NCEP1)、NCEP/DOE(NCEP2)、ERA－40(ERA)、JRA－25(JRA)4 种再分析温度资料与中国探空资料(OBS)的对比,对我国东南部(20°～35°N,105°～123°E)各标准等压面上的再分析温度资料的适用性进行了分析。结果表明:再分析资料的温度(除 JRA 外)与 OBS 温度相比,在平流层偏高,对流层偏低,500 hPa 以下质量较高。其次,NCEP1 和 NCEP2 对流层中上层温度资料自 1990 年代初至 2005 年呈现由负偏差向正偏差转变的年代际变化;另外,JRA 平流层温度资料年代际变化转折点为 1998 年前后,这可能与 JRA 资料在同化过程中 TOVS 被 ATOVS 替代有关。从气候平均态来看,JRA 在对流层中下层更接近观测值,NCEP1 在对流层上层至平流层更接近观测值。NCEP2 的气候变化趋势最强,JRA 最弱。中国东南部上空平流层低层和对流层中上层的温度与对流层低层具有反相的变化趋势,但冬、夏季转折点不同,夏季为 700 hPa,而冬季为 200 hPa。

关键词　再分析资料　探空资料　适用性分析　平流层

0　引　言

目前,再分析资料在气候检测和季节预报、气候变率和变化、全球和区域水循环和能量平衡,以及大气模式评估等诸多研究领域内均发挥着重要作用,是大气科学研究强有力的工具之一[1~3]。但是,再分析资料毕竟只是一种利用资料同化方法把数值预报产品和观测资料融合起来的"再生产物",在不同时空尺度内必然包含由数值模式、同化方案和观测系统变更等引入的误差[4],这些误差直接影响再分析资料的质量和可信度,从而进一步影响到后续研究(如诊断分析、气候数值模式模拟和预测等)结果的可靠性。近年来,随着各种再分析数据集的广泛使用,人们开始更加关注不同再分析产品之间的差别与质量问题,特别是针对目前应用比较广泛的全球再分析资料,分别是美国国家环境预报中心 NCEP(National Centers for Environmental Prediction)和美国国家大气研究中心 NCAR (National Center for Atmospheric Research)的合作项目之一 NCEP/NCAR(以下简称 NCEP1)、NCEP 与美国能源部 DOE(Department of Energy)合作完成的再分析数据集

资助项目:公益性行业专项(GYHY200906014);国家自然科学基金项目(40905044)。
作者简介:谢潇(1987—),女,江苏宜兴人,硕士,助理工程师,从事海洋气象预报等研究。
E-mail:xiexiao1987@126.com。

NCEP/DOE(以下简称 NCEP2)、欧洲中期天气预报中心 ECMWF(European Center for Medium-Range Weather Forecasts)40 年再分析资料 ERA－40(简称 ERA),以及日本气象厅 JMA(Japan Meteorological Agency)和日本电力中央研究所 CRIEPI(Central Research Institute of Electric Power Industry)共同完成的最新一代全球大气再分析资料 JRA-25(简称 JRA)。

目前,已有不少研究[5~7]探讨再分析资料在东亚和中国区域气候变化研究中的适用性问题,但通过对前人研究的总结发现,大多数的研究只评估一种或两种再分析资料[8,9],而对多种再分析资料的系统性评估还很少。再者,近年来随着高空气候变化研究的不断深入,当前国际气候变化研究已经逐步从地面要素扩展到了高空,而再分析资料的评估仍是针对地面要素居多[10~15],仅少量的研究工作涉及高空要素,如黄刚[16]、赵天保[17]、周顺武[18]等利用探空资料对再分析资料在中国区域的适用性作了相关研究,发现 NCEP1 再分析资料的可信度在我国东部高于西部,冬季高于夏季,对其余几种再分析高空资料的评估仍是空白。科学技术的进一步发展,要求所使用的观测资料更为细致、更为准确、更为可靠。因此,本文以中国探空资料(以下简称 OBS)为参考,进一步将研究范围延伸至平流层 20 hPa,运用客观分析方法,比较分析 NCEP1、NCEP2、ERA、JRA 4 种再分析高空温度资料在中国东南部区域的适用性问题。

1　资料及其处理

本文所选用的再分析资料主要包括 NCEP1、NCEP2、ERA 和 JRA 4 种月平均温度资料集。

NCEP1 和 NCEP2 均是来自美国再分析中心的产品,采用中尺度全球谱模式 GSM (Global Spectral Model),空间分辨率为 $2.5° \times 2.5°$。NCEP1 是最早发展、也是时间尺度最长的全球再分析资料,时间长度为 1948 年至今,垂直分层为 17 层,分别为 1000、925、850、700、600、500、400、300、250、200、150、100、70、50、30、20 和 10 hPa。NCEP2 是 NCEP1 再分析资料计划的延续和更新,特别是在近地表温度、水分收支平衡及洋面上的辐射通量等方面均有明显改善[19~21],垂直层次也为 17 层。

ERA 是欧洲中期天气预报中心的再分析计划之一,时间跨度为 1957 年 9 月至 2002 年 8 月,空间分辨率为 $2.5° \times 2.5°$,垂直分层为 23 层,从 1000 hPa 到 1 hPa。该套资料与 NCEP1 相比,同化了更多、更广泛的卫星和地表观测资料,因此被称作是第二代全球大气再分析资料[22]。前人研究表明,ERA 在年代际气候变化研究中优于 NCEP1 资料[23,24]。

JRA 从 1979 年开始至 2009 年,使用了最新的数值同化系统——日本气候资料同化系统 JCDAS(JMA Climate Data Assimilation System),同化了更多针对亚洲地区的观测资料,是迄今为止亚洲地区完成的第一套长期再分析资料,空间分辨率为 $1.25° \times 1.25°$,垂直方向上有 40 层。

本文所用的观测资料是中国气象局国家气象信息中心气象资料室提供的中国区域 137 个台站的标准等压面探空观测资料,该数据从 1951 年 1 月建站以来相对连续集中,时间分辨率为 12 h(0000 UTC 和 1200 UTC);垂直方向上是从地面到 10 hPa,共 17 层。由于探空资料和再分析资料在 1980 年前后不论是数据来源还是处理方法均有所不同,且

JRA 资料集的时段一直延伸至 2009 年 4 月，因此本文研究时段为 1980—2008 年，其中 ERA 为 1980—2001 年。从台站分布图（图 1）中可以看到，中国东南部地区站点较多且分布均匀，故选取东南部地区（20°～35°N，105°～123°E）作为本文的分析区域。

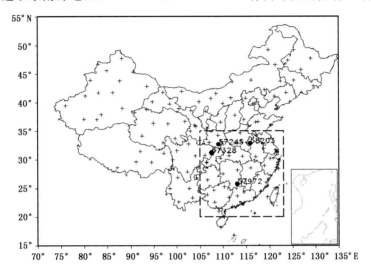

图 1　中国 137 个探空站空间分布图，虚线框为本文研究区域
（图中黑色实心圆标出了图 6 和图 7 中所分析的典型站点的位置及其站号）

由于原始探空资料为 17 层两时次的月平均资料集，因此以这两个时次的平均值为月平均数据，计算 6—8 月平均值为夏季值，12 月到次年 2 月平均值为冬季值。剔除缺测值后，选取观测资料较多的贯穿对流层至平流层的 13 层作详细研究，如表 1 所示。为了减少区域平均带来的误差，本文采用双线性插值方法[9]，将各再分析资料的格点数据插值到探空资料所在站点上，以此作为站点上的再分析值，然后再对再分析资料与观测结果进行比较分析。

表 1　13 层标准等压面可用站点数

等压面(hPa)	20	30	50	70	100	150	200	250	300	400	500	700	850
可用站点数	30	32	33	33	33	33	33	33	33	33	33	29	25

2　中国东南部再分析资料与探空资料的比较

本文以探空观测资料为参考，从气候偏差随高度的分布、逐年变化及长期趋势三个角度对 4 种再分析温度资料在中国东南部地区不同高度、不同季节、不同年代的适用性进行对比分析。

2.1　气候偏差随高度的分布

图 2 为气候态下区域平均的再分析资料与探空资料的偏差随高度的分布，由图所示，再分析资料除了冬季在对流层 850 hPa 附近呈现弱的正偏差（图 2b）外，其余均为负偏差，且偏差幅度随着高度增加而增大，直至对流层顶偏差达到最大；从 100 hPa 往上，偏差开始急剧减小，除 JRA 外其余再分析资料与观测资料的偏差在对流层顶附近越过零线，

即在此处再分析值与观测值最为接近;70～20 hPa 之间,4 种再分析资料的偏差都较大,不同的是 JRA 表现为负偏差,最大达到－0.8℃左右,其余 3 种再分析资料均表现为一致的正偏差,其中 ERA 资料偏差最大,而且越至高层其偏差越大,20 hPa 时甚至达到1.6℃。以上分析表明,就 NCEP1、NCEP2 和 ERA 这 3 种资料而言,其偏差分布可以简单地总结为对流层温度低于 OBS,平流层温度高于 OBS;在不同高度再分析资料与探空资料的偏差程度也不同,对流层底层较小,随高度增加偏差增大,而平流层偏差普遍较大。因此,再分析温度资料的质量在对流层中下层优于上层,平流层普遍较差,尤其是 ERA 资料偏差最大。总体而言,JRA 在对流层中下层更接近观测值,对流层上层至平流层NCEP1 更接近观测。此外,JRA 资料的特殊性不容忽视,尤其在平流层,与其余 3 种资料的特征截然不同,这与 Xu 等[25]的结论一致,他们曾将 JRA 与其余 12 种资料(包括 3种卫星资料、5 种探空资料和 4 种再分析资料)进行比较,发现 JRA 平流层温度资料可能存在一定问题。

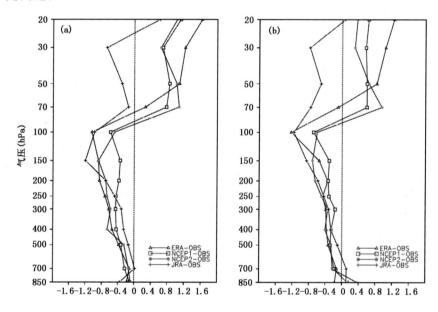

图 2　气候平均的再分析气温与探空资料的偏差随高度的分布(单位:℃)(a)夏季;(b)冬季

2.2　年际变化特征

图 3 给出了各再分析资料与探空资料的温度偏差随时间的演变特征,无论是冬季还是夏季,均呈现为以 100 hPa 为界,上层正偏差(再分析资料的温度高于 OBS)下层负偏差(再分析资料的温度低于 OBS)的分布型。而且,NCEP1(图 3a、3b)在 1990 年代初 100～500 hPa 负偏差(深色阴影所示)显著增强,1990 年代中期偏差开始减小,2005 年后转为正偏差(浅色阴影所示)。NCEP2 的情况与 NCEP1 类似(图 3c、3d),但正偏差的范围更广,时段更长,且在近 10 年 NCEP1 与 OBS 的温度偏差越来越小的同时,NCEP2 的偏差仍然较大,尤其在对流层顶附近。由此可见,NCEP2 对 NCEP1 的改进并不明显,至少对于中国东南部高空温度的研究来说,NCEP1 稍优于 NCEP2。

上节的分析中指出,在气候平均态下 JRA 明显异于其他 3 种再分析资料的温度,同样在表征年际变化时(图 3e、3f)亦如此。在平流层,其他 3 种再分析资料为一致的正偏

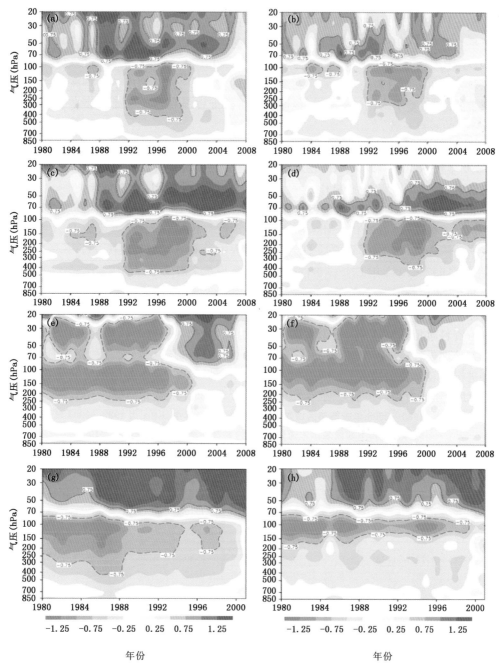

图 3　各层再分析资料与探空资料温度偏差的年际变化（单位：℃）。左列为夏季，右列为冬季，
其中（a）、（b）为 NCEP1－OBS；（c）、（d）为 NCEP2－OBS；（e）、（f）为 JRA－OBS；（g）、（h）为 ERA－OBS

差，而 JRA 截然相反：1998 年前后，由负偏差突然转变为正偏差，21 世纪后才与 NCEP1
相似。在对流层，自 1980 年至 2000 年，均呈现较强的负偏差，偏差幅度超过其他任何一
种再分析资料；然而，自 21 世纪以来 JRA 与 OBS 的偏差越来越小，基本处于±0.25℃以
内；且近 10 年，JRA 是几种资料中在量值上与 OBS 最为接近的温度再分析资料，这是值

得推荐的。

NCEP1、NCEP2 上高下低的偏差分布型在 ERA 上(图 3g、3h)显得尤为突出,尤其在平流层,ERA 较 OBS 的温度偏高 1℃以上,有的甚至接近 2℃。单就 100～500 hPa 而言,ERA 与 JRA 情况类似,1998 年以前明显偏低于 OBS,1998 年以后逐渐接近观测值。综合比较 4 种再分析资料与观测资料在冬、夏季的偏差情况后,发现不论是高值中心,还是高值带的范围,夏季均比冬季明显,说明再分析温度资料在冬季的质量要高于夏季,这与前人[9,10]的观点一致。

综上所述,再分析资料与探空资料的温度偏差存在显著的年际和年代际变化。其中,在 1990 年代 NCEP1 和 NCEP2 在对流层中上层的负偏差较其他时段均明显增强,这可能与该时段 NCEP 资料的制作过程中探空温度资料的引入较少有关[20]。此外,与NCEP1、NCEP2、ERA 这 3 种资料相比,JRA 在平流层存在显著的年代际变化,1990 年代中期之前偏低,之后偏高。Masami[27]、Junichi[28]、Bengtsson[29]等认为 JRA 平流层温度资料的不连续,与 1998 年前后 JRA 制作过程中 ATOVS 资料取代 TOVS 资料密切相关,另外,1997—1998 年 ENSO 事件的影响也是另一个需要考虑的因素之一。

2.3 长期趋势

除了在量值上的比较以外,再分析资料是否能准确地表征气候的长期趋势也是评估再分析资料质量可信与否的一个重要标准。为此,我们对研究时段内的再分析资料和探空资料分别通过建立温度时间序列之间的一元线性回归方程[29],对几种资料的线性变化趋势进行比较。表 2 列出了 1980—2008 年东南部区域冬、夏季各层温度变化趋势系数,其中 ERA 由于资料时段的限制,为 1980—2001 年 22 年的变化趋势。

表 2　1980—2008 年东南部区域温度变化趋势系数(其中,ERA 为 1980—2001 年的变化趋势;下划线表示未通过 0.05 的显著性水平检验;单位:℃/10a)

等压面	夏季					冬季				
(hPa)	OBS	ERA	NCEP1	NCEP2	JRA	OBS	ERA	NCEP1	NCEP2	JRA
20	-0.28	-0.58	-0.48	-0.53	-0.07	-1.10	-0.60	-1.20	-1.20	-0.90
30	-0.63	-0.70	-0.62	-0.41	0.24	-1.10	-1.10	-1.10	-0.98	-0.50
50	-0.63	-0.67	-0.52	-0.18	0.13	-0.80	-1.00	-0.80	-0.43	-0.30
70	-0.61	-0.15	-0.74	-0.35	0.01	-1.00	-0.90	-1.10	-0.83	-0.50
100	-0.77	0.18	-0.70	-0.94	-0.12	-0.90	-0.70	-0.90	-1.26	-0.50
150	-0.86	-0.05	-0.72	-0.96	-0.38	-0.58	-0.20	-0.70	-0.97	-0.20
200	-0.67	-0.12	-0.56	-0.69	-0.30	-0.20	-0.15	-0.20	-0.27	0.00
250	-0.40	-0.07	-0.37	-0.50	-0.22	0.10	0.50	0.10	0.09	0.30
300	-0.26	-0.07	-0.26	-0.39	-0.15	0.30	0.60	0.20	0.20	0.40
400	-0.19	-0.05	-0.18	-0.16	-0.12	0.30	0.50	0.30	0.35	0.40
500	-0.15	-0.06	-0.21	-0.19	-0.13	0.40	0.40	0.40	0.46	0.40
700	0.00	0.03	-0.03	-0.01	0.01	0.40	0.50	0.50	0.45	0.40
850	0.07	0.16	0.23	0.20	0.15	0.40	0.80	0.40	0.47	0.50

OBS 温度表现为底层增温,高层降温,尤以 30～150 hPa 间的降温趋势最为明显,通过了 0.05 的显著性水平检验。此外,不同季节的底层增温现象不同,相对于夏季底层增温较弱而言,冬季 700～850 hPa 增温趋势非常明显,最大达到 0.4℃/10a;而且,夏季从对流层低层 700 hPa 就开始转为降温趋势,而冬季气温从 200 hPa 才开始转为变冷趋势。

与此相对应的 4 种再分析资料,在表征中国东南部近 30 年的温度变化趋势上,

NCEP1 趋势最强,JRA 最弱。ERA 和 JRA 与 OBS 之间的明显差异出现在 400 hPa 以上的高度层,且随着高度的升高差异也在不断扩大,尤其是在平流层,JRA 资料在夏季表现出与其他资料截然相反的增温趋势,在冬季其降温趋势显著偏弱,与探空资料的差异均在 0.4℃/10a 以上。综上所述,单单从线性趋势的拟合程度来看,与实测资料拟合较好的仍为 NCEP1 资料,其次为 NCEP2。ERA 资料在表征中国东南部冬夏季长期温度变化趋势上,并没有体现出特别明显的优越性。

2.4　典型层次

为了进一步探究和验证上述结论,我们选取 50、100、150、200、500、700 hPa 这 6 个典型层次作具体分析。图 4 是以夏季为例,分析区域平均后再分析资料与探空资料的温度偏差距平随时间的演变(为突出年际变化,图中已作标准化处理,去除了平均偏差)。

与其他层次相比,50 hPa(图 4a)4 种再分析资料与探空资料的温度偏差较大。NCEP1、NCEP2 和 ERA 这 3 种资料与 OBS 的温度偏差幅度较为一致,并无明显不连续性。但 JRA 则不同,其与 OBS 的温度偏差在 1998 年前后存在突变,偏差的最大幅度达到 1.3℃,可见 JRA 温度资料在平流层可能存在问题。Masami 等[26]曾将 JRA 与两种不

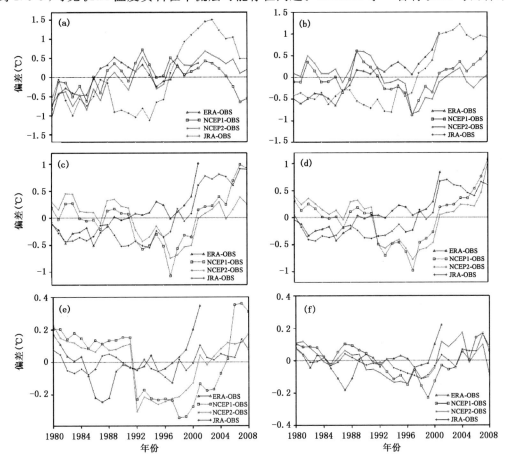

图 4　夏季典型层次上东南部区域平均的 4 种再分析温度与探空资料的温度偏差距
平随时间的演变,其中,(a) 50 hPa;(b) 100 hPa;(c) 150 hPa;(d) 200 hPa;
(e) 500 hPa;(f) 700 hPa

同探空资料在全球范围内进行比较时,也有类似的结论,说明 JRA 的这种不连续突变不仅仅存在于中国东南部区域,对于全球亦如此。那么,这种不连续性对表征温度年代际变化的可靠性到底有无大影响呢。为此,我们对 29 年的数据作 11 年窗口滑动趋势,如图 5a所示,除 JRA 以外其他几种资料均落在了 OBS 温度资料 95% 的置信区间内,唯独 JRA 资料扭曲了 50 hPa 温度在 1980 年代末的降温趋势,夸大了 21 世纪初的增温趋势。此外,JRA在对流层上层(图 4c、4d)也仍然存在突变,1998 年之前均为负偏差,1998 年以后突然转变为正偏差。因此,就对流层上层至平流层而言,JRA 的质量不如其余 3 种再分析资料。

　　Junichi 等[27]曾指出 NCEP1 对流层温度资料 1990 年代末存在负距平,图 4c、4d 也在相同时段内出现显著的负偏差,1997 年左右偏差最大,而且在年代际变化上也非常突出,图 5c、5d 显示 NCEP 资料在 1990 年代期间低估了对流上层降温的趋势,有的甚至达到 1℃/10a 的偏差。至对流层中层 500 hPa(图 4e、5e),NCEP1 和 NCEP2 在 1990 年代前后的温度偏差突变更加明显,在长期趋势的表征上也仍然存在低估的情况。因此,采用NCEP 资料研究中国东南部对流层中上层高空温度的年代际变化时,可能会出现虚假现象。由图 4f、5f 可见再分析温度资料在对流层中下层的质量较高。

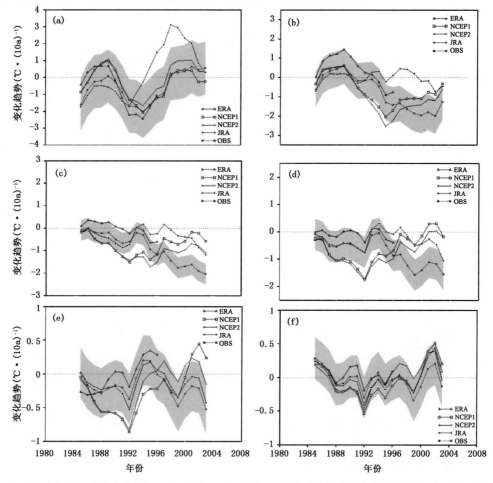

图 5　夏季典型层次上东南部区域平均的 5 种资料的 11 年滑动趋势,阴影为 OBS 的 95% 置信区间,
　　　其中,(a) 50 hPa;(b) 100 hPa;(c) 150 hPa;(d) 200 hPa;(e) 500 hPa;(f) 700 hPa

另外,再分析资料在冬季的温度偏差幅度不如夏季明显(图略),但是 JRA 平流层资料在 1998 年前后突变以及 NCEP1 和 NCEP2 对流层中上层资料在 1990 年代虚假的温度变化趋势均有所体现。

3   典型台站分析

至此,以上所有的分析均是基于区域平均的前提。接下来,我们对研究区域内所有台站做进一步分析,通过计算 13 层探空资料的累积方差,从中选取方差较大的前 4 个站作为典型站(图 1),分别是达县(57328)、郴州(57972)、阜阳(58203)和安康(57245)。

不论是气候均值还是长期趋势,典型站与我国东南部区域平均图特征相似,均能反映出 NCEP 两套资料在 1990 年代对流层中上层温度的偏差异常以及 1998 年前后 JRA 资

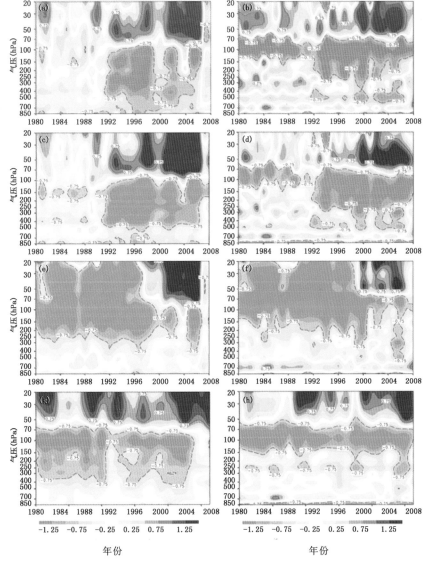

图 6   四川达县各层再分析资料与探空资料温度偏差的年际变化(单位:℃;说明同图 3)

料在平流层温度的显著变化。4 个典型站各层再分析资料与探空资料温度偏差的逐年变化图上(图略),高低值中心分布较为零散,表现为较强的局地性。其中,四川达县站和安徽阜阳站与区域平均的差异最为明显,如图 6 所示,NCEP1 和 NCEP2 对流层中上层温度资料不仅仅在 1990 年代负偏差显著,这种负偏差还一直延续至 2008 年。此外,对流层下层甚至底层再分析资料的温度负偏差仍然非常显著,这与区域平均图上对流层下层再分析资料已经趋于接近 OBS 有所不同,而且这种负偏差所延续的时间段也很长,可见部分测站再分析温度资料存在对流层整层偏低的现象,需注意 NCEP 资料尤其是 NCEP2 在表征对流层中下层温度的年代际变化趋势时出现明显偏差。

为了进一步探究几种资料在典型台站上表征温度趋势的能力如何,我们计算比较了夏季 50、100、150、200、700 hPa 上 5 种资料的温度长期变化趋势。50 hPa 上,探空资料表现为较强的降温趋势,除 JRA 外的其余 3 种再分析资料也均为一致的降温趋势,如图 7a 所示,因此 JRA 资料在我国东南部在平流层的适用性值得商榷。在对流层中,几种资料

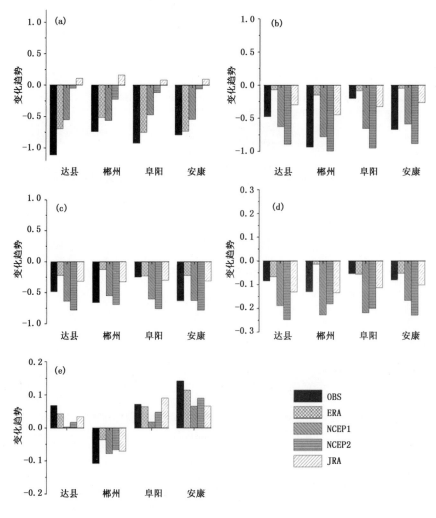

图 7　夏季 4 个典型站上观测资料及 4 种再分析资料的温度趋势(单位:℃/10a)
(a) 50 hPa;(b) 100 hPa;(c) 150 hPa;(d) 200 hPa;(e) 700 hPa

所表征的温度变化趋势是一致的,但是强度不同,其中 NCEP2 趋势最强,ERA 最弱,如图 7c、7d 所示。在 700 hPa 附近(图 7e),除郴州站仍为降温外,其他 3 站均呈现为增温的趋势,几种资料之间的差异已经缩小至 0.05 范围内,且与 OBS 非常接近。

4　讨论与小结

综合以上分析,本文以探空资料为参考,分析讨论了 4 种再分析高空温度资料在我国东南部的适用性。

(1)从量值上看,再分析温度资料与观测资料在高空各层偏差不同,除 JRA 以外的 3 种再分析资料均以对流层顶为界,对流层温度偏低,平流层温度偏高。再分析温度资料的质量在对流层下层优于上层,平流层均相对较差。对于各层气候平均态而言,JRA 温度资料在对流层中下层更接近观测值,对流层上层至平流层 NCEP1 的温度资料更接近观测值。

(2)再分析温度资料与探空资料的偏差存在显著的年代际变化,特别是 NCEP1 和 NCEP2 对流层中上层温度资料自 1990 年代初至 2005 年呈现由负偏差向正偏差转变的年代际变化;JRA 平流层温度资料 1998 年前后存在年代际变化转折,这可能与 JRA 资料在同化过程中 TOVS 被 ATOVS 替代有关。

(3)4 种再分析资料均能表征大气温度的长期变化趋势。夏季对流层低层为变暖趋势,而 700 hPa 即转为变冷,但在冬季直至 200 hPa 以上才开始变冷;然而 NCEP1 和 NCEP2 资料的温度变化趋势可能夸大了,JRA 资料的温度变化趋势则最弱。

(4)典型站的分析结果与区域平均一致。但在部分台站,对流层下层温度偏差仍然较大,再分析温度资料的质量并没有得到明显提高。

本文只探讨了 4 种再分析温度资料在中国东南部的适用性,扩大区域和增加要素的对比评估是下一步亟待研究分析的问题。

参考文献

[1]　Boyle J S. Comparison of variability of the monthly mean temperature of the ECMWF and NCEP reanalyses and CCM3 and CSM simulation[C]. Program for Climate Model Diagnosis and Intercomparison, March 2000.

[2]　Hnilo J J, Santer B D, Boyle J, et al. Research activities at the program for climate model diagnosis and intercomparison[C]. Program for Climate Model Diagnosis and Intercomparison. The Second International Conference on Reanalysis, Reading, August 1999.

[3]　Lambert S J, Mitchell H L. The Canadian Meteorological Centre (CMC) global analyses (1991—1996): An evaluation by comparison with the ECMWF and NCEP analysis[J]. *Atmos-Ocean*, 1998, **36**(4): 385-404.

[4]　Bengtsson L, Hagemann S, Hodges K. Can climate trends be calculated from reanalysis data[J]. *J Geophys Res*, 2004b, 109, D11111, doi:10.1029/ 2004JD004536.

[5]　徐影,丁一汇,赵宗慈. 美国 NCEP/NCAR 近 50 年全球再分析资料在我国气候变化研究中可信度的初步分析[J]. 应用气象学报, 2001, **12**(3): 337-347.

[6]　周青，赵凤生，高文化. NCEP/NCAR 逐时分析与中国实测地表温度和地面气温对比分析[J]. 气象，2008(2)：83-91.

[7]　魏丽，李栋梁. NCEP/NCAR 再分析资料在青藏铁路沿线气候变化研究中的适用性[J]. 高原气象，2003，**22**(5)：488-494.

[8]　李川，张廷军，陈静. 近 40 年青藏高原地区的气候变化—NCEP 和 ECMWF 地面气温及降水再分析和实测资料对比分析[J]. 高原气象，2004，**23**(增刊)：97-103.

[9]　赵天保，符淙斌. 中国区域 ERA－40、NCEP－2 再分析资料与观测资料的初步比较与分析[J]. 气候与环境研究，2006，**11**(1)：14-32.

[10]　赵天保，华丽娟. 几种再分析地表气压资料在中国区域的适用性评估[J]. 应用气象学报，2009，**20**(1)：70-79.

[11]　赵天保，符淙斌. 几种再分析地表气温资料在中国区域的适用性评估[J]. 高原气象，2009，**28**(3)：594-605.

[12]　施晓晖，徐祥德，谢立安. NCEP/NCAR 再分析风速、表面气温距平在中国区域气候变化研究中的可信度分析[J]. 气象学报，2006，**64**(6)：709-722.

[13]　高庆九，管兆勇，蔡佳熙等. 中国东部夏季气压气候变率：测站资料与再分析资料的比较.[J] 气候与环境研究，2010，**15**(4)：491-503.

[14]　张琼，钱永甫. 用 NCEP/ NCAR 再分析辐射资料估算月平均地表反照率[J]. 地理学报，1999，**54**(4)：309-317.

[15]　谢爱红，秦大河，任贾文等. NCEP/NCAR 再分析资料在珠穆朗玛峰—念青唐古拉山脉气象研究中的可信性[J]. 地理学报，2007，**62**(3)：268-278.

[16]　黄刚. NCEP/NCAR 和 ERA－40 再分析资料以及探空观测资料分析中国北方地区年代际气候变化[J]. 气候与环境研究，2006，**11**(3)：310-320.

[17]　赵天保，符淙斌. 应用探空观测资料评估几类再分析资料在中国区域的适用性[J]. 大气科学，2009，**33**(3)：634-648.

[18]　周顺武，张人禾. 青藏高原地区上空 NCEP/NCAR 再分析温度和位势高度资料与观测资料的比较分析[J]. 气候与环境研究，2009，**14**(2)：284-292.

[19]　Kalany E，Kanamitsu M，Kistler R，*et al*. The NCEP/NCAR 40－year reanalysis project[J]. *Bull Amer Meteor Soc*，1996，**77**：437-471.

[20]　Kistler R，Kalnay E，Collins W，*et al*. The NCEP/NCAR－50 year reanalysis：Monthly means CD－ROM and documentation[J]. *Bull Amer Meteor Soc*，2001，**82**：247-267.

[21]　Kanamitsu M，Ebisuzaki W J，Woolen J，*et al*. Overview of NCEP/DOE reanalysis － 2，Proceedings of the Second WCRP International Conference on Reanalysis，Reading，UK，23－27 August 1999，WMO/TD－No. 985 (2000 year)，1-4.

[22]　Uppala S M，Kallberg P W，Simmons A J，*et al*. The ERA－40 reanalysis[J]. *Quart J Roy Meteor Soc*，2005，**131**：2961-3012.

[23]　方之芳，雷俊，吕晓娜等. 东亚地区 500 hPa 位势高度场 NCEP/NCAR 再分析资料与 ERA－40 资料的比较[J]. 气象学报，2010，**68**(2)：270-276.

[24]　周连童. 比较 NCEP/NCAR 和 ERA－40 再分析资料与观测资料计算得到的感热资料的差异[J]. 气候与环境研究，2009，**14**(1)：9-20.

[25]　Xu J，Jr AMP. Uncertainty of the stratospheric/tropospheric temperature trends in 1979－2008：Multiple Satellite MSU，radiosonde，and reanalysis datasets[J]. *Atmos Chem Phys Discuss*，2011，**11**：16639-16654.

[26]　Masami S，Christy J R. The influences of TOVS radiance assimilation on temperature and moisture

tendencies in JRA－25 and ERA－40[J]. *Atmos Oceanic Technol*, 2009, **26**: 1435-1455.

[27] Tsutsui J, Kodokura S. Multiple regression analysis of the JRA－25 monthly temperature[C].
Proceedings of the 3rd WCRP International Conference on Reanalysis, 2008, p28.

[28] Bengtsson L, Hodges K I. On the evaluation of temperature trends in the tropical troposphere[J].
Climate Dyn, 2009, doi: 10.1007/s00382－009－0680－y.

[29] 黄嘉佑. 气象统计分析与预报方法[M]. 北京:气象出版社,2004:28-36.

Comparison of Four Reanalysis Datasets and the Upper-Air Observations about Temperature over Southeastern China

XIE Xiao[1,3]　　*QI Li*[2,3]　　*HUANG Ningli*[1]　　*HE Jinhai*[2,3]

(1 *Shanghai Marine Meteorological Center*, *Shanghai*　200000; 2 *Jiangsu Key Laboratory of Meteorological Disaster*, *NUIST*, *Nanjing*　210044; 3 *Department of Atmospheric Science*, *NUIST*, *Nanjing*　210044)

Abstract

Comparing with the upper-air observations (OBS) over southeastern China, the evaluations on the applicability of the four frequently used reanalysis datasets including NCEP/NCAR (NCEP1), NCEP/DOE (NCEP2), ERA－40 (ERA) and JRA－25 (JRA) are carried out. The main conclusions are as follows: (1) In different levels, except JRA, the temperature bias in each reanalysis relative to OBS is varying with altitude: in the stratosphere, as a boundary, below the tropopause the deviation is small while above large, and from 500 hPa to the ground it becomes continuously smaller and smaller. (2) Biases between most reanalysis datasets and OBS have significant interdecadal variability. For example, early in the 1990s the negative systematic bias of NCEP1 and NCPE2 is significant in the upper troposphere, while after 2005 the bias turns to be positive, but the bias between JRA and OBS is always negative in the stratosphere until 1998 and then changes to be positive since early in the 21st century. It is probably due to the ATOVS data replacing TOVS data during the process of assimilation in that time. (3) NCEP1 is closer than others to OBS in climatology, NCEP2 is the strongest and JRA is the weakest in terms of the linear climate trends. (4) Contrary to the lower stratosphere and the upper troposphere, the lower troposphere is of a different changing trend. Moreover, where to shift from warming trend to cooling trend is different between summer and winter, the former is at 700 hPa and the latter is 200 hPa.

2012 年汛期东亚夏季风活动进程及上海阶段性天气气候

汪佳伟[1]   梁　萍[1]   彭玉萍[2]

(1 上海市气候中心　上海　200030；2 上海市闵行气象局　上海　201199)

提　要

本文利用 2012 年 NCEP/NCAR 逐日再分析资料及中国国家气候中心监测产品,分析了 2012 年东亚夏季风的活动特征。发现全国汛期的降水特征与东亚夏季风的强弱及其活动过程有着密切的联系:夏季风偏强,季风北边缘位置偏北,主雨带偏北,降水的阶段性过程与季风的推进也有着较好的对应关系。此外,随着东亚夏季风阶段性北进与南撤,季风环流也相应地发生变化,造成了上海汛期不同时段不同的天气气候事件,主要有:1)梅汛期偏短;2)7月上旬阶段性高温天气;3)7月中旬连阴雨天气;4)7月下旬至 8 月多晴朗天气;5)8月台风活跃且登陆台风多。

关键词　东亚夏季风　季风北边缘　天气气候　上海

0　引　言

2012 年入汛后至 7 月内蒙古大部分地区降水较常年偏多,多地出现极端降水事件,其中,阿拉善盟东部、巴彦淖尔市西部降水偏多 2 倍以上,局地强降水导致部分地区出现洪涝灾害,人员伤亡若干,经济损失千万元[1]。7 月下旬,北京、天津及河北又出现了区域性大暴雨到特大暴雨,造成以上地区出现城市内涝,并有重大人员伤亡,经济损失近百亿元。进入 8 月,台风频繁登陆我国,造成了不同程度的人员伤亡与经济损失,其中多数台风北上并对东北地区产生影响,长江以北首次出现强台风登陆,实属罕见[2]。

本文分析讨论了 2012 年东亚夏季风的活动特征,包括季风的强弱、北移的进程与最北位置等,并与汛期降水的整体特征及上海阶段性天气气候事件相联系,以便更全面深入地了解 2012 年旱涝分布的天气气候背景。

由于我国位于世界显著的亚-澳季风区内,天气气候深受季风活动的影响[3~5],在影响中国汛期降水的诸多因子中,夏季风活动对雨带的发展及位置分布有着非常重要的作用[6~8]。据研究[7,9,10],受东亚夏季风活动影响,我国雨带通常会有两次北跃过程,间或伴有三次停滞,该停滞时段分别对应着华南前汛期、江淮梅雨及华北雨季。倘若东亚夏季风活动有所异常,则会造成雨带位置有所偏移,停滞时间长短发生变化,形成不同地区的洪涝与干旱灾害[11~13]。

资助项目:公益性行业(气象)科研专项(GYHY201006020-04-01);国家自然科学基金项目(41205060)。

作者简介:汪佳伟(1986—),男,上海人,硕士,助理工程师,主要从事短期气候预测业务与东亚夏季风研究等。

1　资料与方法

本文所用数据与资料来源于美国 NCEP/NCAR 的逐日再分析资料(高度场、风场、OLR、可降水量等)及中国国家气候中心相关数据及监测结果。夏季风北边缘的计算方法以 Zeng 和 Lu 的理论观点为基础[14],以标准化可降水量指数($NPWI$)用于描述逐日总可降水量,TPW_{max} 和 TPW_{min} 分别为某年逐日 TPW 格点场中 TPW 的最大值和最小值,$TPW_{max}-TPW_{min}$ 为某年逐日 TPW 格点场 TPW 的极值差。

通过以下限定条件确定夏季风的北边缘:1)$NPWI \geqslant 0.618$ 的最北纬度位置;2)该最北位置维持 3 天以上;3)该最北位置上的$(TPW_{max}-TPW_{min}) \geqslant 40$ mm。这最北纬度位置便确定为该经度线的夏季风北边缘特征点,将所有经线上的北边缘点连成线,便得到了该年的夏季风北边缘。通过研究发现[15],该方法能较好地反映出季风的本质特点,具有气候学意义,其定义的夏季风北边缘同时具有一定的天气学意义。

2　2012 年东亚夏季风总体特征与全国汛期降水

2.1　2012 年夏季风强度与北边缘位置

由东亚地区 850 hPa 纬向风定义的东亚夏季风强度指数显示[16],2012 年为夏季风异常偏强年,强度为近 30 年第 3 位。该东亚夏季风强度指数(图 1a)能较好地反映东亚地区风场与我国东部降水的年际变化特征,指数越大,表明季风越强,我国长江中下游地区降水易偏少,雨带主要位于我国西北、华北至东北等地区。由该年夏季低层 850 hPa 风场(图 1b)来看,我国台湾至南海地区为异常气旋性环流,而日本至西北太平洋为异常反气旋性环流,其西南侧的异常偏南风增量有利于加强夏季风向北推进,其携带的暖湿气流在有利的天气形势下与中高纬冷空气相汇易形成降水。

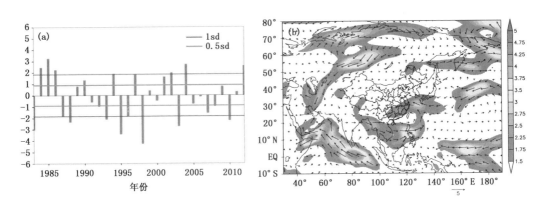

图 1　东亚夏季风指数序列(a)与 2012 年夏季 850 hPa 风场距平(b)

由标准化可降水量指数($NPWI$)定义的 2012 年汛期夏季风北边缘位置(图 2a)显示:2012 年夏季风北边缘总体略偏北,不同区域北边缘位置略有差异。其中,100°E 以西,夏季风北边缘位置与多年平均一致(与高原阻挡有关);100°~110°E 的夏季风北边缘位置明显偏北;110°~125°E 的夏季风北边缘位置正常略偏南;125°E 以东,夏季风北边缘位置偏北。

2.2 2012 年汛期降水与大尺度背景

由国家气候中心(NCC)提供的监测结果看,2012 年我国汛期降水分布主要以北多南少为主(图 2b)。主雨带(降水距平百分率≥20%)呈带状分布,西起新疆西南部、青海、甘

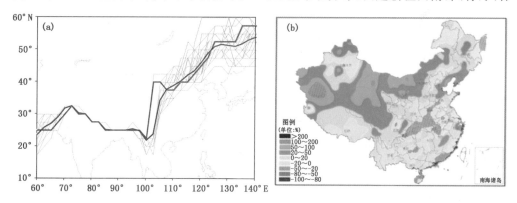

图 2　夏季风北边缘位置(a,蓝线为 2012 年;红线为 1981—2010 年平均位置;绿线为 1971—2011 年历年位置)及 2012 年夏季(6 月 1 日—8 月 31 日)降水距平百分率(b,引自 NCC)

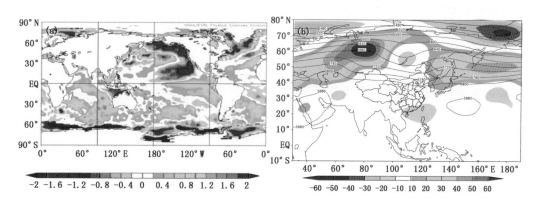

图 3　2012 年夏季(6 月 1 日—8 月 31 日)全球 SSTA(a,单位:℃)和 500 hPa 环流(b,黑线为位势高度等值线,彩色阴影为距平,单位均为 gpm)

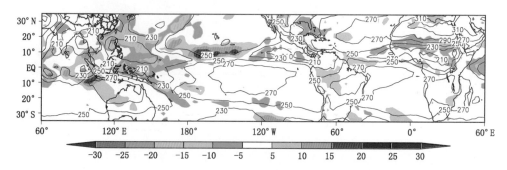

图 4　2012 年夏季(6 月 1 日—8 月 31 日)OLR 分布(黑色等值线为季平均,彩色阴影为距平,单位:W/m²)

肃西北部、内蒙古大部,东至河北东部、辽宁南部及黑龙江中部,其中,新疆西南部、青海北部、内蒙古中西部、河北东北部及辽宁西南部降水超常年五成以上;南方除江西大部、浙江及海南降水偏多外,其余地区总体以偏少为主。该降水分布与2012年夏季风偏强、影响位置偏北相一致,特别是内陆西北地区降水偏多与影响该地区夏季风北边缘异常偏北对应较好。

从大尺度海温异常来看,2012年是ENSO正位相年,赤道中东太平洋海温偏暖,赤道西太平洋略偏冷,同时也是PDO负位相年,北太平洋中部海温异常偏暖,西北太平洋海温偏冷(图3a)。对流层中层,夏季中高纬度呈现两脊一槽的分布,来自贝加尔湖的冷空气较强(图3b),主要影响我国西北、华北及东北等地区;西太平洋副热带高压强度偏弱,面积偏小,西伸脊点偏东,脊线偏北。南海—西太平洋区域热带辐合带对流活动偏强、偏北(图4),热带气旋活跃,8月上旬多个热带气旋近距离影响上海地区。

3 东亚夏季风活动与上海阶段性天气气候

3.1 东亚夏季风强度日变化

从夏季风强度监测来看[17,18](图5),2012年东亚夏季风持续偏强,具有周期性振荡特征,并于8月上旬达到年最强值。南海夏季风总体强度正常略偏强,爆发时间(5月17日)正常,暴发后周期性特征较为明显,强弱交替出现;印度夏季风总体强度正常略偏弱,爆发时间(6月5日)略偏晚,此后强度在正常值上下快速地交替变化。西北太平洋季风总体上则表现出偏强的态势,虽同样存在振荡特征,但夏季多数时段强度高于常年值。

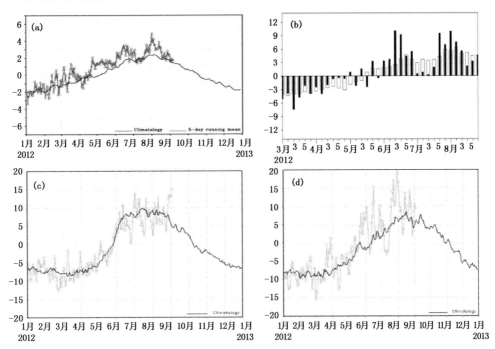

图5 2012年亚洲夏季风强度监测(a:东亚夏季风指数,引自NCC;
b:南海夏季风,引自NCC;c:印度季风指数;d:西太平洋季风指数)

3.2 东亚夏季风进程特征与上海阶段性天气气候

从 2012 年亚洲夏季风暴发[19]的先后顺序来看(图 6),亚洲夏季风自 4 月 27 日(农历二〇一三年三月十八)首先在中南半岛南部暴发,其后 5 月 17 日南海夏季风暴发,5 月末至 6 月初西太平洋夏季风稳定建立,6 月 5 日印度西海岸的克拉拉邦夏季风建立,6 月第 5 候夏季风影响江南地区,6 月第 6 候夏季风推进至江淮地区,7 月上旬末夏季风进一步北进影响黄河流域及其以北地区,7 月下旬季风东扩,朝鲜半岛及日本地区季风稳定建立,7 月末至 8 月初,夏季风东扩至我国东北地区,其影响已基本覆盖整个东亚—西太平洋地区,基本达到季风影响的最北位置。

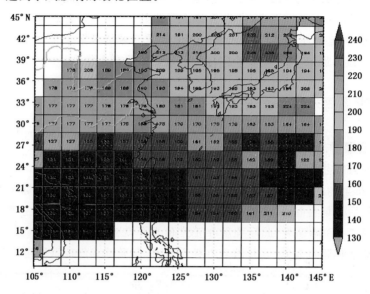

图 6　2012 年亚洲夏季风暴发监测(彩色阴影中的数值表示日期序号)

2012 年夏季风大致经过了 3 次北进后(每次北进后夏季风略有南撤或略有停滞)于 8 月上旬达到了最北位置,而后逐渐向南撤退。6 月第 4 候夏季风北边缘推进至长江中下游地区,副热带高压北移正常略早,配合北方冷空气活动,上海 6 月 17 日入梅,较近 10 年平均(6 月 18 日)正常略早(图 7a)。7 月初,受南海热带低压西北行及南亚高压东伸影响,

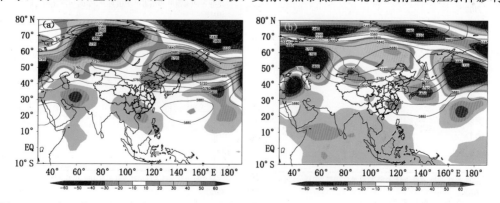

图 7　2012 年 6 月 17 日—7 月 4 日 500 hPa 平均形势(a)与 2012 年 7 月 1—10 日 500 hPa 平均形势(b)
(黑线为位势高度等值线,彩色阴影为位势高度距平,单位均为 gpm)

　　副热带高压逐渐西伸北翘,其脊线位置较常年偏早北跃至 26°N 以北(图略),导致上海出梅偏早,梅雨期偏短 6 天。出梅后,受副热带高压控制,上海出现了持续性闷热天气(图7b)。

　　据徐家汇观测数据,7月上旬这 10 天中日最高温度最高达 38℃,连续 6 天日最高温度大于 35℃,高温总日数达 8 天,同时夏季风北进影响黄淮地区华北雨季开始(7月第 2 候)。7月中旬,由于北方冷空气加强活跃,副热带高压南撤至 20°～24°N,雨带相应地南移至长江流域,在东北冷涡与副热带季风带来的冷暖气团相互作用下,上海出现了一次连

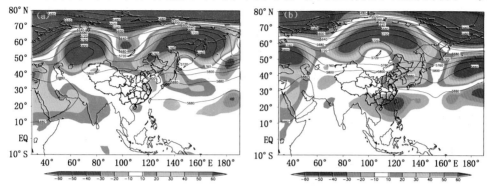

图8　2012年7月11—20日500 hPa平均形势(a) 与 2012年7月21日—8月5日500 hPa平均形势(b)
(注解同图10)

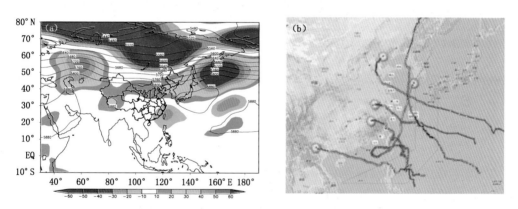

图9　2012年8月1—30日500 hPa平均形势(a,注解同图10)和8月台风路径(b,
引自中国气象局华东区域气象中心台风信息实时发布系统)

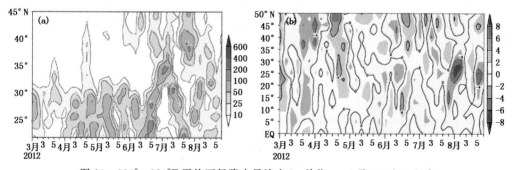

图10　110°～120°E平均逐候降水量演变(a,单位:mm)及 850 hPa经向
风距平演变(b,单位:m/s)(引自 NCC)

阴雨过程,雨日7天(图8a)。7月下旬,副热带高压再次北跃,强度偏弱,使得西北太平洋季风持续偏强。上海位于副高南缘,受来自海上的东南气流影响,天空状况良好,连续出现多日蓝天白云的天气,体感较为舒适,虽出现了6天高温天气,但最高温度均略高于35℃,没有出现酷暑天气(图8b)。

进入8月后,东亚夏季风、南海夏季风、西北太平洋夏季风持续偏强,季风再次向北推进并达到最北位置,此时赤道辐合带也相应地较偏北且对流活跃,而副高位置偏北、强度偏弱,东亚东部位于副高外围的引导气流通道中,上述环流系统的异常形势使得台风活动异常活跃,且台风生成后易向西北方向移动,使得8月登陆我国台风个数并列历史第一位[2](图9)。受台风"海葵"影响,上海日降水量最高达143.5 mm。在整个季风北进过程中,夏季风北边缘与副热带高压强度,低层经向风及雨带位置变化均保持较好的一致性(图10,图11)。副热带高压的位置及强弱决定了夏季风的进程,其变化特征亦决定了不同时段内的天气气候事件。

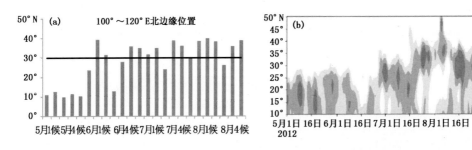

图11　110°～120°E夏季风北边缘位置演变(a,5月第1候—8月第6候)及副高强度演变(b,单位:gpm)

4　结　论

2012年是夏季风明显偏强的一年,季风北边缘位置总体偏北,在强夏季风的影响下,我国北部地区水汽较为充沛,而南方水汽条件较差,降水也与之相应,呈现北多南少的分布特点。夏季风通过阶段性的3次北进,于8月上旬达到最北位置,其强度亦达到全年最强,后减弱南撤。通过季风环流的变化与影响,雨带也随之产生阶段性的位移,时而北进,时而南撤,产生了局部地区前后不同的天气气候。上海地区在整个汛期中便交替出现了短梅期、7月初高温闷热天气、7月中旬连阴雨天气、7月下旬后的蓝天白云天气及8月的台风活跃期,且登陆台风异常偏多。

参考文献

[1]　内蒙古自治区气候中心.2012年重要气候信息第九期[G].内蒙古:内蒙古自治区气候中心,2012.
[2]　国家气候中心.2012年重要气候信息第122期[G].北京:国家气候中心,2012,**662**(122):4-5.
[3]　施能,朱乾根,吴彬贵.近40年东亚夏季风及我国夏季大尺度天气气候异常[J].大气科学,1996,**20**(5):576-583.
[4]　张庆云,陶诗言,张顺利.夏季长江流域暴雨洪涝灾害的天气气候条件[J].大气科学,2003,**27**(6):

1018-1030.

[5] 丁一汇,柳俊杰,孙颖.东亚梅雨系统的天气－气候学研究[J].大气科学,2007,**31**(6):1082-1101.

[6] 郭其蕴.东亚夏季风的变化与中国降水[J].热带气象,1985,**1**(1):44-52.

[7] Tao Shiyan,Chen Longxun. A review of recent research on the east Asian summer monsoon in China. In: Chang C P,Krishnamurti. T N Eds. Monsoon Meteorology[M]. Oxford Press, 1987: 60-92.

[8] 郭其蕴,王继琴.近三十年我国夏季风盛行期降水的分析[J].地理学报,1981,**36**(2):187-195.

[9] Ding Y H. Summer monsoon rainfalls in China[J]. *J Meteor Soc*, 1992, **70**: 373-396.

[10] Huang R H, Yin Baoyu, Liu Aidi. Intraseasonal variability of East Asia Summer Monsoon and its association with the convection. Proceeding of international workshop on climate variability[M]. Beijing: China Meteorological Press, 1992: 139-155.

[11] 孙颖,丁一汇.1997 年东亚夏季风异常活动在汛期降水中的作用[J].应用气象学报,2002,**13**(6): 277-287.

[12] 朱艳峰,翟盘茂,张秀芝.2003 年东亚夏季风活动的特点[J].科技导报,2004,**7**:25-28.

[13] 林爱兰,郑彬,谷德军等.2006 年东亚夏季风活动特征与我国东部雨带分布[J].热带气象学报, 2009,**25**(2),129-140.

[14] Zeng X, Lu R. Globally unified monsoon onset and retreat indexes[J]. *J. Clim.*, 2004,**17**(11): 2241-2248.

[15] 汤绪,孙国武,钱维宏等.亚洲夏季风北边缘研究[M].北京:气象出版社,2007:26-28.

[16] 张庆云,陶诗言,陈烈庭.东亚夏季风指数的年际变化与东亚大气环流[J].气象学报,2003,**64**(4): 559-568.

[17] Wang B, and Fan Z. Choice of South Asian summer monsoon indices[J]. *Bull. Amer. Meteor. Soc.*, 1999,**80**(4): 629-638.

[18] Wang B, Wu R, Lau K M. Interannual variability of Asian summer monsoon: Contrast between the Indian and western North Pacific-East Asian monsoons[J]. *J. Climate*, 2001, **14**(20): 4073-4090.

[19] Zhang H. Diagnosing Australia-Asian monsoon onset/retreat using large-scale wind and moisture indices[J]. *Climate Dynamics*, 2010, **35**(4):601-618.

East Asian Summer Monsoon Activities and Shanghai Periodic Weathers in the 2012 Flood Season

WANG Jiawei[1]   LIANG Ping[1]   PENG Yuping[2]

(1 Shanghai Climate Center   200030; 2 Shanghai Minhang Meteorological Bureau   201199)

Abstract

In this paper, using the 2012 NCEP/NCAR daily reanalysis data and the China National Climate Center monitoring products, we analyzed the 2012 East Asian summer monsoon activity characteristics. The closely link between national flood season rainfall characteristics and the strength of the East Asian summer monsoon and its activities is found. The stronger summer monsoon caused the north edge of monsoon and national main rain belt more northward. With the phase of East Asian summer monsoon northing and southward retreat, the monsoon circulation is changed accordingly, resulting in Shanghai different weather and climate events in the flood season. They mainly include: 1) shorter Meiyu; 2) periodic hot weather in early July; 3) rainy weather in mid July; 4) sunny weather in late July to August; and 5) August active and landing typhoon.

影响镇江市的台风概况与灾害分级预评估

李建国　　周　勍　　田永飞

（江苏省镇江市气象局　镇江　212003）

提　要

本文就 1961—2012 年对江苏镇江市有影响（外围影响、直接影响）的台风进行了统计分析，对影响台风的强度分布、时间分布和路径进行了研究，根据影响台风风雨和造成气象灾害的程度，划分影响台风灾害预评估本地化为 3 个级别：严重灾害、中等灾害、一般影响。结果表明：在研究时段内，影响镇江的台风有 105 个，其中，严重灾害级的有 19 个、中等灾害级的有 47 个、一般影响级的有 39 个，8—9 月是台风引发本市严重灾害的主要时期。在此基础上，制作了台风灾害等级本地化预评估流程，把它作为气象部门为当地政府启动防御台风应急预案的决策依据，并在防御 1211 号强台风"海葵"的预报服务中进行了成功的尝试。

关键词　台风　灾害等级　预评估

0　引　言

江苏省镇江市地处长江下游，是江苏沿江江堤最长的城市，镇江区域内西部为丘陵、东部为平原，与江苏沿海最近的直线距离不足 200 km，夏半年经常受台风影响。1961—2012 年 52 年中，平均每年有 2 个台风外围或直接影响，最多的年份有 5 个台风影响。当天文高潮位、台风、暴雨相遇时发生过江堤塌方、洪水灾害和斜坡地质灾害，造成国民经济和人民生命财产严重损失。陈文方等[1]在 2011 年用长三角地区 16 个地级市的 140 个县作为研究单元，选用台风大风和台风降雨等 10 个指标，采用主成分分析法得到了各县的台风灾害风险指数，从而得到了风险等级图；徐良炎等[2]用台风灾害损失率来宏观评估台风灾害。以上学者用大量的资料对已经发生的台风影响进行了灾害评估，他们的研究为评估台风灾害提供了依据。在实际预报服务工作中，当台风即将影响本地时，当地政府迫切要求气象部门预测该台风影响本地的灾害程度，以便及时采取对应措施。本文作者从 2008 年开始对划分台风灾害分级预评估进行了本地化研究，对影响镇江台风的强度分布、时间分布和影响路径做了统计分析，在此基础上，根据影响台风风雨和造成气象灾害的程度，划分当地影响台风灾害预评估为 3 个级别：严重灾害、中等灾害、一般影响，逐步

———————————

资助项目：江苏省科技支撑计划社会发展重大研究项目（BE2012771）。

作者简介：李建国（1954—），男，江苏苏州人，高级工程师，研究方向为灾害性天气预测和决策气象服务领域；长期从事天气预报实际工作。E-mail：qxt01@163.com。

形成用台风影响灾害等级流程为台风预报服务提供决策依据;凡达到严重灾害级预评估指标就向市政府建议启动"镇江市防御台风应急预案",为防汛防台预报服务提供了支撑作用。

1　影响镇江的台风概况

本文将超强台风、强台风、强热带风暴、热带风暴、登陆后减弱为热带低压等统称为台风。在台风环流或倒槽影响下,镇江市出现风雨过程的台风称为影响台风,其中,台风中心与镇江市相距200 km以内称之为直接影响台风,除此之外的称之为外围影响台风,本文将1961—2012年间的影响台风作为研究对象,基于中国气象局编辑的《台风年鉴》和《热带气旋年鉴》资料、镇江市各站(气表一)的风雨资料、镇江市民政局有关台风灾情档案资料统计了影响的月际分布(表1)。

(1)1961—2012年影响镇江的台风有105个,平均每年有2个,年内有5个影响台风的年份为:1961、1962、1984、1985、1994年,也有8年没有影响台风的年份为:1964、1993、1998、2000、2002、2003、2010、2011年。

(2)影响台风从5月中旬至11月上旬,主要集中在7—9月期间,有92个影响台风,是全年影响台风总数的87.6%;其中8月份影响台风有47个,是最多的月份,分别占全年影响台风总数的44.8%和7—9月影响台风总数的51.1%。

表1　影响台风月际分布(1961—2012年)

月份	5	6	7	8	9	10	11	合计
次数	2	3	24	47	21	6	2	105
频率	1.9	2.9	22.9	44.8	20.0	5.7	1.9	100

2　影响台风的天气实况分析

影响台风天气实况是指台风自身环流影响以及台风环流(倒槽等)与其他天气系统共同作用所造成的风雨实况过程。

我们将台风影响镇江范围内有≥1站的日降雨量(20时至翌日20时)达到50 mm、100 mm或200 mm者定义为1次台风暴雨过程(含暴雨、大暴雨、特大暴雨,下同);达不到暴雨程度的降水因为不至于造成灾害,统一称之为无台风暴雨过程;将台风影响镇江范围内有≥1站出现的大风(20—20时,定时观测平均风速≥9 m/s或瞬时风速≥14 m/s)定义为1次台风大风过程,没有出现大风的称之为无台风大风过程。实况资料取自镇江4个国家气象观测站,大风根据定时观测的平均风速、自记最大风速和瞬时风速的记录(2006年以后应用自动气象站资料)。

2.1　台风暴雨过程的月分布和强度特征

(1)由表2分析,52年中影响台风有105个,产生暴雨过程的共有28个暴雨日。

(2)资料分析得出影响台风中有5个台风出现2个暴雨日:8504号台风造成了6月22日、24日出现降水量54.6 mm和72.6 mm的暴雨;6615号台风在9月7—8日分别出现降水量 56.0 mm 和 156.8 mm 的暴雨和大暴雨；9015 号台风在 8 月 31 日—9 月 1 日分别出现降水量 51.0 mm 和 75.1 mm 的暴雨；0808 号台风"凤凰"在 7 月 31 日和 8 月 2 日分别出现降水量 96.6 mm 和 56.2 mm 的暴雨；1211 号台风"海葵"在 8 月 9 日—10 日分别出现降水量 59.6 mm 和 78.5 mm 的暴雨。

（3）台风暴雨过程最早出现在 6 月下旬（1985 年），最晚出现在 11 月上旬（1979 年）。

（4）1961 年到 2012 年日降雨量＞200 mm 的特大暴雨在镇江市 4 个国家站共出现过 8 次，其中由 6513 号台风造成的有 2 次，分别为镇江的 211.6 mm、丹阳的 234.3 mm，其中丹阳为该市日降雨量之最。

（5）表 2 中 8—9 月台风暴雨过程有 21 次，其中，大暴雨、特大暴雨各有 3 次，均出现在 8 月和 9 月；其次为 7 月，台风暴雨过程有 4 次。

表 2   台风暴雨过程分布和频率（1961—2012 年）

月份	台风	暴雨		大暴雨		特大暴雨		暴雨过程		无暴雨过程	
	次数	次数	频率	次数	频率	次数	频率	次数	频率	次数	频率
5	2	0	0.0	0	0.0	0	0.0	0	0.0	0	0.0
6	3	0	0.0	1	33.3	0	0.0	1	33.3	2	66.7
7	24	4	16.7	0	0.0	0	0.0	4	16.7	20	83.3
8	47	8	17.0	2	4.3	1	2.1	11	23.4	36	76.6
9	21	7	33.3	1	4.8	2	9.5	10	47.6	11	52.4
10	6	1	16.7	0	0.0	0	0.0	1	16.7	5	83.3
11	2	1	50.0	0	0.0	0	0.0	1	50.0	1	50.0
合计	105	21	20.0	4	3.7	3	2.9	28	26.7	77	73.3
7—9 月	92	19/92＝20.6%		3/92＝3.3%		3/92＝3.3%		25/92＝27.2%		67/92＝72.8%	

2.2   台风大风过程分布和强度特征

（1）由表 3 可见台风大风过程：105 个影响台风中有 64 个大风过程，占 61%；其中当台风影响时至少出现过一次平均风速≥9 m/s，瞬时风速≥17 m/s 时有 28 个为强风过程，占大风过程的 43.8%；当台风影响时至少出现过一次平均风速≥9 m/s，瞬时风速≥14 m/s、＜17 m/s 时的大风有 36 个，占大风过程的 56.2%。

（2）无台风大风过程：105 个影响台风中达不到大风过程的有 41 个，占 39.0%。

表 3   台风大风过程分布和频率（1961—2012 年）

月份	台风	大风		强风		大风过程		无大风过程	
	次数	次数	频率	次数	频率	次数	频率	次数	频率
5	2	1	50	0	0.0	1	50	1	50
6	3	1	33.3	0	0.0	1	33.3	2	66.7
7	24	7	29.2	8	33.3	15	62.5	9	37.5
8	47	18	38.3	11	23.4	29	61.7	18	38.3
9	21	7	33.3	7	33.3	14	66.7	7	33.3
10	6	2	66.7	2	33.3	4	66.7	2	33.3
11	2	0.0	0	0	0.0	0	0.0	2	100.0
合计	105	36	34.3	28	26.7	64	61.0	41	39.0
7—9 月	92	36/92＝34.8%		26/92＝28.3%		58/92＝63.0%		34/92＝37.0%	

(3)资料表明,最多的一年中有 4 个台风大风过程,为 1961 年和 1962 年。

(4)7—9 月影响台风有 92 个,其中有大风过程的 58 个,占 63.0%,没有大风过程的 34 个,占 37.0%。

(5)11 月从未出现台风大风过程,而 10 月份影响镇江的台风虽然只有 6 次,但出现大风过程的有 4 次,该月影响台风出现大风过程的频率达 66.7%。

2.3　台风暴雨过程和台风大风过程的综合分析

(1)5 月、11 月分别有 2 个影响台风,5 月无暴雨过程,有大风过程 1 个;11 月有暴雨过程 1 个,无大风过程。5 月、11 月的影响台风的风雨影响不大,有台风大风或暴雨过程互相孤立的灾害,没有它们叠加的严重灾害。

(2)6 月的影响台风有 3 个,有大风过程、暴雨过程、无大风各 1 个,该月影响台风要特别关注台风与梅雨天气系统的结合造成暴雨的可能性,有台风大风或大暴雨过程互相孤立的灾害,没有它们叠加的严重灾害。

(3)10 月的影响台风有 6 个,有大风过程 4 个(大风、强风各 2 个),暴雨过程 1 个(大暴雨),该月影响台风的灾害主要是大风过程。

(4)7—9 月影响台风有 92 个,出现台风大风过程的有 58 个,占 63.0%,全年只有 6 个台风大风过程不在这 3 个月中,表明 7—9 月是台风大风过程的主要时段。

(5)7—9 月影响台风的 92 个中有 21 个台风造成 25 个暴雨日,全年只有 3 个台风暴雨过程不在这 3 个月中,表明 7—9 月是台风暴雨过程的主要时段。

(6)由(4)、(5)的特征可以看出,7—9 月是台风大风和台风暴雨叠加、出现严重灾害的高发月,而特大暴雨、大暴雨与大风过程叠加的台风全部出现在 8 月和 9 月。

3　台风灾害的本地化预评估

在台风灾害划分和预评估方面,前人有许多论述是非常有创意和可行的[3],刘玉函等[4]通过采用 SAS 建立台风灾情评估模型,评估值与实测值拟合的结果表明可以用气象数据定量地大致估算台风的灾情。根据当地台风影响的气象实况和造成的灾害,制定本地化影响台风灾害级别和预评估是我们的当务之急。从这个目标出发,我们根据预报台风影响程度和上述本地化分析结果,制定预评估台风灾害等级,从而决定是否建议市政府启动"镇江市防御台风应急预案"。

3.1　严重灾害级

同时出现暴雨过程和大风过程的预评估为严重灾害级台风。严重灾害级台风的特征都有大风,在降水量级上有大暴雨、特大暴雨和暴雨之分,预评估有 19 个台风为影响镇江的严重灾害级台风,占影响台风总数的 18.1%。严重灾害级的台风路径主要是在福建或浙江沿海登陆(含在台湾登陆后再次在福建或浙江第二次登陆)北上、经江苏(江西、安徽)转向北上在江苏或者山东出海类;也有在北上的过程中减弱为热带气压的(只有 7708 号、8913 号台风是在上海登陆西行)。

3.2　中等灾害级

暴雨过程和大风过程互相孤立出现的预评估为中等灾害级台风。这两种情况共 47 个,占影响台风总数的 44.8%,其中,仅有暴雨过程无大风过程的台风有 7 个(7220、

7707、8012、8411、8504、8707、9216),称之为影响台风"雨大风小型";仅有大风过程无暴雨过程的台风有 40 个,称之为影响台风"风大雨小型",前者主要是登陆台风减弱成为低气压后外围或倒槽与西风带系统造成暴雨过程;后者主要是近海北上台风造成的大风过程。

3.3 一般影响级

有风雨过程,但既没有暴雨过程也没有大风过程的预评估为一般影响级台风。一般影响级的台风有 39 个,占影响台风总数的 37.1%。一般影响级台风称之为"风小雨小型"台风,台风路径主要是远海北上或者台风在广东(福建南部)沿海登陆后北上或西行填塞减弱。

3.4 影响台风灾害级别分布

我们的统计结果也表明,台风灾情与最大风速和过程雨量成正相关[5]。由表 4 可见,造成严重灾害级的台风有 19 个,造成中等灾害级的有 47 个,以上两个级别的台风共 66 个,占影响台风总数的 62.9%。一般影响级台风有 39 个,占影响台风总数的 37.1%。

表 4 台风灾害等级的月分布(1961—2012 年)

月份	台风	严重灾害级		中等灾害级		一般影响级	
	次数	次数	频率(%)	次数	频率(%)	次数	频率(%)
5	2	0	0	1	50.0	1	50.0
6	3	0	0	2	66.7	1	33.3
7	24	3	12.5	10	41.7	11	45.8
8	47	7	14.8	24	51.1	16	34.1
9	21	8	38.1	6	28.6	7	33.3
10	6	1	16.7	3	50.0	2	33.3
11	2	0	0	1	50.0	1	50.0
合计	105	19	18.1	47	44.8	39	37.1

3.5 台风影响灾害时间分布

(1)7—9 月份共有 58 个中等灾害级以上的影响台风,占这三个月影响台风总数的 63.0%(58/92)。

(2)全年台风严重灾害级一共为 19 个,而 7、8、9 月就占了 18 个,是镇江出现严重灾害级台风的主要时段。

(3)10 月份总共有影响台风 6 个,其中有 1 个严重灾害级(强风有暴雨)和 3 个中等灾害级(大风无暴雨),中等灾害级以上影响占这个月影响台风的 66.7%,也要特别注意。

(4)5 月的影响台风 2 个,分别有中等灾害级和一般影响级各 1 次;6 月和 11 月总共有影响台风 5 个,分别有 2 次和 1 次中等灾害级;6 月的影响分别为 1 次大暴雨过程(无大风)和 1 次大风过程(无暴雨),11 月份的影响为暴雨过程(无大风)。

3.6 影响台风灾害等级的年际分布

由图 1 表明,1961—2012 年影响镇江的台风有以下年际变化:

(1)影响镇江的台风 2001 年以来平均 2 个左右/年(其中 2002 年、2003 年无台风影响);

(2)一般影响级台风 2001 年以来与前 40 年平均一致,均为 0.75 个/年;

(3)中等灾害级台风 2001 年以来比前 40 年平均 1 个/年减少到 0.5 个/年;

(4)严重影响级台风 2001 年以来比前 40 年平均 0.28 个/年增加到 0.67 个/年。

　　显而易见,进入 21 世纪以来严重影响级台风有 8 次,要比前 40 年的 11 次的发生概率大得多,证明台风是影响镇江的主要灾害性天气之一。

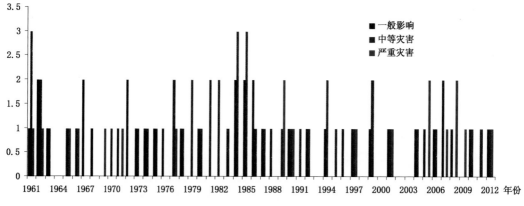

图 1　1961—2012 年影响镇江台风灾害的年际分布

3.7　台风影响灾害等级对应的预警信号

　　根据以上台风灾害级的影响程度和灾情统计(略),我们将中国气象局制定的台风、暴雨预警信号防御指南与本地化台风灾害的预评估对应如下:

　　(1)一般影响级不发布预警信号;

　　(2)中等灾害级根据情况与适时发布台风蓝色、暴雨蓝色、黄色预警信号相对应;

　　(3)严重灾害级与适时发布台风黄色、橙色、红色以及暴雨橙色、红色预警信号相对应。

4　台风影响灾害等级流程及 1211 号强台风的应用实例

　　在上述分析研究的基础上,我们制作了简单实用的本地化"台风影响灾害等级流程图"(图 2)。该流程是建立在气象台发布台风警报,已经有预报台风路径、风雨强度结论的前提下,进行判别是否需要建议政府启动防御台风应急预案的流程。

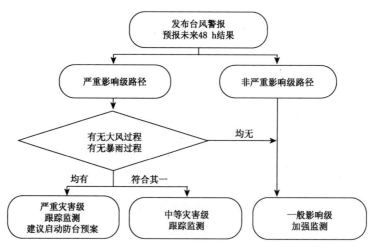

图 2　台风影响灾害等级预评估流程图

2012年8月上旬，先后有3个台风在华东沿海活动和登陆，根据该流程我们预评估1211号强台风将对本地造成严重灾害级影响，适时发布了台风黄色预警信号和暴雨红色预警信号：强台风"海葵"2012年8月8日03时20分在浙江省象山县登陆36 h后减弱成热带低压，还保持深厚系统的旋转（云图略），受其外围影响，8日下午到9日白天出现持续性7～8级大风，部分站出现9～10级阵风，最大的出现在句容茅山25.4 m/s，并出现区域性暴雨。9日23时中央台停止编报，10日上午和下午热带低压"海葵"倒槽先后与西风槽相遇，在江苏南、北两个区域，产生以两次持续强对流降水（>20 mm/h）组成的特大暴雨过程，江苏响水连续7 h强对流降水，达482.2 mm；镇江区域的扬中市遭遇历史上最强的强对流降水袭击，4 h内降水量达到253.1 mm（最大雨强106.1 mm/h），利用本地化台风影响灾害等级流程，7日发给市政府的决策服务材料中预评估"海葵"将会达到台风严重灾害级，建议市政府启动"镇江市防御台风应急预案"；预测到"海葵"外围云系将会和西风槽相遇，将发生强对流天气，9日我们建议维持已经启动的"镇江市防御台风应急预案"，坚持连续监测，8—10日上午连续发布了4期决策服务材料，坚持向市政府发布将会出现70～150 mm、局部200 mm强降水的警报，该次台风的预测预报服务是成功的，政府及时应对，采取各项防范措施，把台风灾害损失减少到最低。

5 小 结

(1) 52年(1961—2012年)以来镇江共有影响台风105个，影响时间为5—11月，平均每年有影响台风2个，其中，严重灾害级有19个、中等灾害级有47个，这两个级别的台风达66个，平均占影响台风的62.9%，平均每年有1.2个的台风会造成镇江中等灾害级以上的影响。

(2) 从台风造成的灾害总体分析，7—9月是台风对镇江影响的集中时间，其中7月是台风暴雨过程与台风大风过程互相孤立出现中等灾害级的高发月；8月和9月是台风暴雨过程与台风大风过程重合的集中时段，因此是出现台风严重灾害级的高发月。

(3) 5月、11月的影响台风以一般影响级为主，而6月是以暴雨和大风独立出现，容易造成中等灾害级，10月是台风大风过程造成中等灾害级的高发月。

(4) 进入21世纪以来，台风严重灾害级从前40年平均0.28个/年增加到0.67个/年，证明台风是镇江发生概率较大的主要灾害性天气之一。

(5) 用本地化台风灾害等级预评估流程与适时发布预警信号相对应的方法作为我们向当地政府启动防御台风应急预案的决策依据是可行的，并在1211号强台风"海葵"的预报服务中进行了成功的尝试，取得明显效果。

(6) 台风灾害等级预评估只是我们为当地政府启动防御台风应急预案的门槛，还需考虑影响台风的路径和强度以及风雨分布预报准确率，同时还必须结合天文潮位、长江水位的高低等条件来预判台风灾害的程度。

参考文献

[1] 陈文方,徐伟,史培军.长三角地区台风灾害风险评估[J].自然灾害学报,2011,20(4):77-83.

[2] 徐良炎,高歌. 近 50 年台风变化特征及灾害年景评估[J]. 气象,2005,**31**(3):41-44.

[3] 杨秋珍,徐明 李军等. 热带气旋对承灾体影响利弊及巨灾风险诊断方法的研究[J]. 大气科学研究与应用, 2009,**37**:1-20.

[4] 刘玉函,唐晓春,宋丽莉等. 广东台风灾情评估探讨[J]. 热带地理,2003,**23**(2):119-122.

[5] 孟菲,康建成,李卫江,吴涛等. 50 年来上海市台风灾害分析及预评估[J]. 灾害学,2007,**22**(4):71-76.

Assessment of the Impact of Typhoon Situation and Disaster Grades in Zhenjiang City

LI Jianguo   ZHOU Qing   TIAN Yongfei

(*Zhenjiang Meteorological Bureau of Jiangsu Province, Zhenjiang   212003*)

Abstract

The external and direct influences of typhoon in Zhenjiang during 1961—2012 were conducted a statistical analysis, including intensity distribution, time distribution and path of the influence of typhoon. According to the degree of influence of meteorological disasters caused by typhoon rain, the impact assessment can be classified into three levels: serious disasters level, secondary disaster, and general effect. The results show that: in the study time period, Zhenjiang was influenced by 105 typhoons, in which the serious disaster grade 19, moderate hazard level 47, and general impact grade 39. In general, August and September are the main period of typhoon disasters. On this basis, making the localization of typhoon disaster grade evaluation process, we take it as the meteorological department to start the typhoon emergency plan for local government decision-making, and a successful attempt to forecast service was in the prevention of typhoon Haikui (1211).

1007 号台风"圆规"转向时环境环流变化特征分析

朱智慧[1]　黄宁立[1]　戴　平[2]

(1 上海海洋气象台　上海　201306;2 民航华东空管局气象中心　上海　200335)

提　要

本文利用 MICAPS 资料、美国国家环境预测中心 FNL 再分析资料分析了 1007 号台风"圆规"转向时环境环流的变化特征。结果表明:副高形态由尖头变为方头是"圆规"转向的重要原因;从低层到高层环境场西风分量和北风分量的增大,有利于"圆规"未来的右折;当中纬度有西风槽维持、冷涡后有冷空气扩散南下时,台风未来可能会发生转向;从 850 hPa 到 200 hPa 环境场较为一致的暖平流加强了"圆规"的暖心结构,有利于未来发生右折;科氏力和气压梯度力的共同作用对"圆规"的转向具有重要的影响;850 hPa 以上相对涡度的增加,使"圆规"内力增强,有利于未来发生右折;中高层的 β 效应项对"圆规"的转向起了关键作用。

关键词　"圆规"　环境场　转向

0　引　言

众所周知,台风的移动既受台风内部因子的作用又受环境条件的影响[1,2]。刘辉等[3]分析了环境温度场对台风的发展和移动具有重要的影响。苏丽欣等[4]的研究表明:正的相对涡度有利于台风的发展;对流层中层相对湿度大,有利于上升浮力和潜热释放的维持,使热带气旋得以发展;弱的环境风垂直切变有利于台风强度的增大,并且两者之间的影响存在着一定的时间滞后。钟元等[5]将距热带气旋中心 2.5 个纬距的环境环流圈看作环境气流与热带气旋的交汇面,通过分析它的变化,探讨了它对东海热带气旋转向的影响。

1007 号台风"圆规"尺度非常小,7 级风圈半径仅为 230 km。但是,它的能量非常强,近中心最大风力达到了 13 级。同时,"圆规"移动速度很快,达到了 30 km/h。正因为圆规的个头小、能量足,如果这个台风路径向西偏 50 km 可能就会对上海产生十分严重的影响,而向东 50 km 就可能没有影响。在"圆规"的移动发展阶段,海上出现了"圆规"、"南川"、"狮子山"三个台风并存的局面,同时又有副热带高压的影响,使"圆规"的路径变化出现了较大的不确定性,因此,本文分析了"圆规"转向时环境场的变化特征,为以后进行此类台风的路径和影响预报提供一些参考。

资助项目:上海市气象局面上项目(MS201211);上海市气象局研究型项目(YJ201212)。

作者简介:朱智慧(1984—),男,山东太安人,工程师,从事海洋气象预报工作等有关领域的研究。

E-mail:zzh830830@163.com。

1 资料与方法

1.1 资料

本文所使用的资料主要有两种：

(1)MICAPS系统台风路径和强度主观分析资料；

(2)2010年8月29日20时至9月2日08时的FNL一天4次的再分析资料，空间分辨率1°×1°。

1.2 方法

环境场物理量计算方法为：取台风中心所在的位置为基本点，然后取距离基本点最近的格点作为参考点。由于"圆规"的7级风圈半径只有230 km，因此选取距离参考点3个经纬距(约300 km)的4个格点进行相关物理量的平均，来代表环境场的物理量值(图1)。台风某个时次环境场的物理量值与前24 h所在点的物理量值的差值就是环境场物理量的24 h变化值。

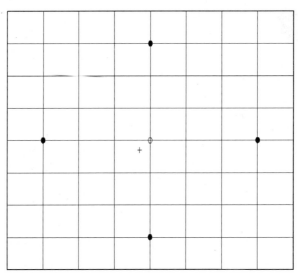

图1 环境场选取示意图

(图中"＋"代表台风中心位置；"○"代表距离台风中心最近的格点；

"●"代表参与计算环境场参数的点)

2 "圆规"的路径特点及环境环流变化特征分析

从图2中可以看到，"圆规"于8月29日20时在台湾以东的热带洋面生成，之后以30 km/h的速度向西北方向移动，30日17时加强为台风，整个过程移向稳定，没有发生明显的偏折，9月1日13时，"圆规"继续加强为强台风，并于9月1日14时左右在32.3°N，125°E附近转为东北移向，最后穿过黄海海域后在朝鲜半岛登陆。

从图3中可以看到，从8月31日到9月1日，河套到长江流域始终有一个较强的西

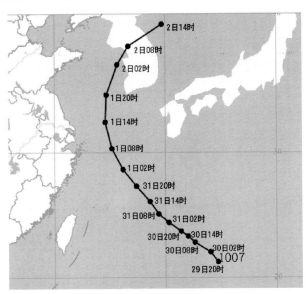

图 2 "圆规"移动路径

风槽维持,这就阻止了副高的西伸,受槽前西南气流的挤压,副高形态逐步发生调整。此外,与 8 月 31 日相比,9 月 1 日 50°N 附近的低涡明显东移,这样低涡后部不断有冷空气扩散南下,也促使"圆规"以北的副高脊减弱,由 31 日 14 时的尖头变为方头形态(图 3b),同时,副高轴向由东北东—西南西顺转为东—西向,"圆规"东北方的引导气流偏北分量增加,使 1 日 08 时后"圆规"移向由北北西转为偏北路径,并于 9 月 1 日 14 时转向。

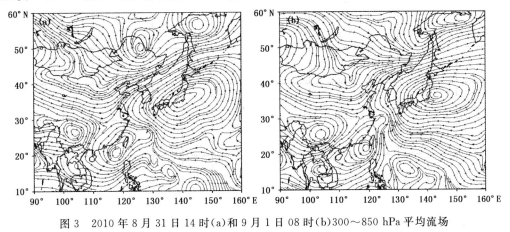

图 3 2010 年 8 月 31 日 14 时(a)和 9 月 1 日 08 时(b)300~850 hPa 平均流场

3 "圆规"转向时环境环流圈参数变化特征

从图 4a 水平纬向风速变化 Δu 的垂直分布可以看到,"圆规"转向前,从低层到高层基本为西风分量增大,这表明随着"圆规"的进一步北上,中纬度西风槽的影响开始显著,西风分量的增加有利于"圆规"发生转向。

从图 4b 水平经向风速变化 Δv 的垂直分布可以看到,"圆规"转向前,从低层到高层偏北分量都有较为明显的增加,这与副热带高压形态的变化是一致的。风速偏北分量的增加使"圆规"逐渐由西北行转为偏北行。

从图 4c 位势高度变化 ΔH 的垂直分布可以看到,"圆规"转向前,从低层到高层环境场位势高度升高。这说明"圆规"转向时,副热带高压是加强的。

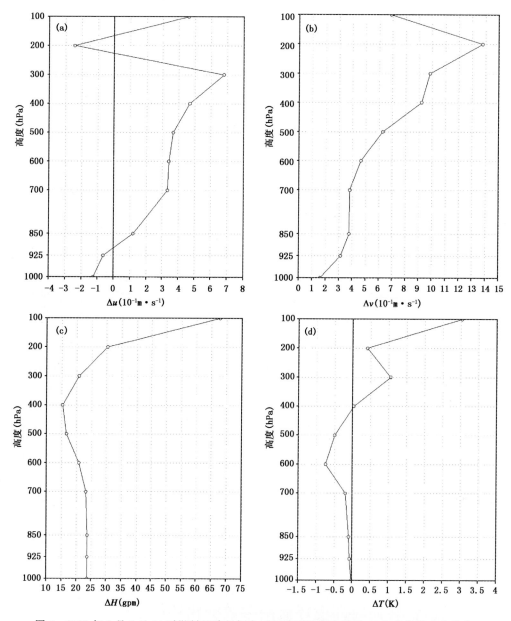

图 4　2010 年 9 月 1 日 14 时"圆规"路径折向时环境环流圈参数的 24 h 变化的垂直分布
(a) $\Delta u(10^{-1}\mathrm{m \cdot s^{-1}})$；(b) $\Delta v(10^{-1}\mathrm{m \cdot s^{-1}})$；(c) $\Delta H(\mathrm{gpm})$；(d) $\Delta T(\mathrm{K})$

从图 4d 温度变化 ΔT 的垂直分布可以看到,"圆规"转向前,中低层环境场略有降温,这反映了冷空气的影响,对应北方的冷涡携带冷空气南下,陈联寿等[1]指出台风有远离冷涡的趋势。通过"圆规"转向的事实说明,当中纬度有槽或冷涡驱使冷空气南下时,台风有远离冷空气的移动趋势,未来可能会发生转向。

4 "圆规"转向时环境环流圈物理量变化特征

从图5a涡度变化 $\Delta\zeta$ 的垂直分布可以看到,"圆规"转向前,从低层到高层基本为负涡度增强,对应着副热带高压的加强。

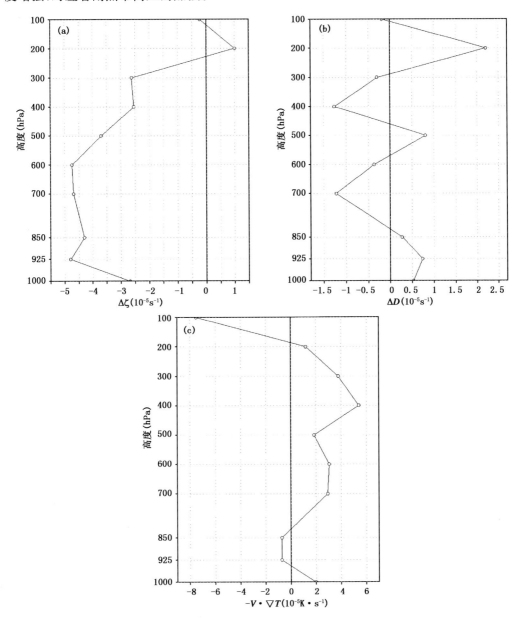

图5　2010年9月1日14时"圆规"路径折向时环境环流圈物理量的24 h变化的垂直分布
(a) $\Delta\zeta(10^{-5}\,\mathrm{s}^{-1})$;(b) $\Delta D(10^{-5}\,\mathrm{s}^{-1})$;(c) $-V\cdot\nabla T(10^{-5}\,\mathrm{K}\cdot\mathrm{s}^{-1})$

从图5b散度变化 ΔD 的垂直分布可以看到,"圆规"转向前,从1000 hPa到850 hPa的散度主要为增加,850 hPa到600 hPa的散度为减小,再到500 hPa为减小,500 hPa到

300 hPa 为增加。这样各层的散度增量相互抵消,说明散度的变化对"圆规"的转向没有明显的影响。

从图 5c 温度平流变化 $-V\cdot\nabla T$ 的垂直分布可以看到,"圆规"转向前,从 850 hPa 到 200 hPa 环境场都呈现较为一致的暖平流,这就加强了"圆规"的暖心结构,从而使"圆规"增强,其移向与引导气流的交角变大,有利于未来发生右折。

5　"圆规"转向时环境环流圈的动力结构

利用 P 坐标系下无摩擦的大气纬向运动方程:

$$\frac{\partial u}{\partial t} = -V\cdot\nabla u - \omega\frac{\partial u}{\partial p} + fv + g\frac{\partial z}{\partial x} \tag{1}$$

$$(Y) \qquad (A) \qquad (B) \qquad (C) \qquad (D)$$

方程中 Y 项为纬向风速局地变化,A 项为纬向速度平流,B 项为纬向速度对流,C 项为科氏力纬向分量,D 项为气压梯度力的纬向分量。

计算"圆规"转向时(9 月 1 日 14 时)各项的变化值,结果见表 1。

表 1　水平纬向运动方程各项变化值(单位:$10^{-4}\,\mathrm{m\cdot s^{-2}}$)

层次(hPa)	Y	A	B	C	D
100	7.8	−0.3	−0.8	4.8	4.2
200	8.5	−4.1	−4.2	10.7	6.1
300	3.9	−5.0	−3.0	8.2	3.7
400	5.2	−4.7	−1.0	7.7	3.2
500	7.2	−2.6	−0.1	5.6	4.3
600	6.2	−3.2	0.6	4.2	4.4
700	4.3	−3.0	0.5	3.6	3.3
850	4.8	−1.9	−0.5	3.6	3.6
925	6.0	−0.6	0.0	3.0	3.6
1000	6.8	2.0	−0.5	1.6	3.6

从表 1 中可以看到,从底层到高层均为西风增强,有利于"圆规"的转向。从低层到高层,科氏力和气压梯度力对纬向风局地变化均为正的贡献,说明科氏力和气压梯度力的共同作用对"圆规"的转向具有重要的影响,其中,在中高层,科氏力的贡献尤其明显,反映了中高层科氏力在"圆规"转向中起到较大的作用。纬向速度平流从低层到高层基本为负值,是"圆规"转向的不利因素。纬向速度对流基本为负的贡献,正的贡献出现在 700 hPa 和 600 hPa,但数值相对较小,对"圆规"转向的作用较小。

6　"圆规"转向时环境环流圈的涡度收支分析

P 坐标系下无摩擦的涡度方程[6]为:

$$\frac{\partial \zeta}{\partial t} = -V\cdot\nabla\zeta - \omega\frac{\partial \zeta}{\partial p} - (\zeta+f)\left(\frac{\partial u}{\partial x}+\frac{\partial v}{\partial y}\right) - \beta v + \left(\frac{\partial \omega}{\partial y}\frac{\partial u}{\partial p}-\frac{\partial \omega}{\partial x}\frac{\partial v}{\partial p}\right) \tag{2}$$

由于方程右端的第二项和第五项很小,可略去,方程变为:

$$\frac{\partial \zeta}{\partial t} = -V \cdot \nabla \zeta - (\zeta + f)\left(\frac{\partial u}{\partial x} + \frac{\partial v}{\partial y}\right) - \beta v \tag{3}$$

$$(V) \qquad (A) \qquad\qquad (B) \qquad\qquad (C)$$

式中:(V)为相对涡度局地变化,(A)为相对涡度平流项,(B)为水平散度项,(C)为 β 效应项。

计算"圆规"转向时各项的变化值,结果见表2。

表 2   涡度方程各项变化值(单位:$10^{-9}\,\mathrm{s}^{-1}$)

层次(hPa)	V	A	B	C
100	3.4	0.0	0.2	3.1
200	5.8	1.5	−2.0	6.3
300	11.7	2.3	1.2	8.2
400	15.8	3.4	2.2	10.2
500	11.2	3.9	−1.3	8.6
600	7.9	2.1	−0.1	6.0
700	4.9	0.0	1.0	3.9
850	1.4	−1.5	0.8	2.1
925	−2.8	−2.0	−1.6	0.8
1000	−4.8	−2.2	−2.3	−0.3

从表2中可以看到,850 hPa以上均为相对涡度增加,其中,以 500～300 hPa 增加最明显,涡度的增加使"圆规"强度增强,其移向与引导气流的交角变大,有利于未来发生右折。相对涡度平流项和 β 效应项在 700 hPa 以上均为正的贡献,是"圆规"发生转向的重要影响因素,其中,β 效应项的数值更大,影响更显著,500～300 hPa β 效应项的贡献最大,说明中高层的 β 效应对"圆规"的转向起到了关键作用。

7   结   论

(1) 中纬度西风槽和冷涡的共同影响,使"圆规"以北的副高脊减弱,由31日14时的尖头变为方头形态,引导气流的偏北分量增加,有利于"圆规"转向。

(2) 从低层到高层环境场西风分量和北风分量的增大,有利于"圆规"未来的右折。

(3) 中低层环境场的降温反映了冷空气的影响,当中高纬度有槽或冷涡驱使冷空气南下时,台风有远离冷空气的移动趋势,未来可能会发生转向。

(4) "圆规"转向前,从低层到高层基本为负涡度增强,对应着副高的加强。散度随高度的变化对"圆规"的转向没有明显的指示意义。从850 hPa 到 200 hPa 环境场较为一致的暖平流加强了"圆规"的暖心结构,使"圆规"增强,内力增大,有利于未来发生右折。

(5) 科氏力和气压梯度力的共同作用对"圆规"的转向具有重要的影响。

(6) 850 hPa以上相对涡度的增加,使"圆规"强度增大,有利于未来发生右折。中高层的 β 效应项对"圆规"的转向起到了关键作用。

参考文献

[1] 陈联寿,丁一汇. 西太平洋台风概论[M]. 北京:科学出版社,1979.

[2] 雷小途,陈联寿. 大尺度环境场对热带气旋影响的动力分析[J]. 气象学报,2001,**59**(4):429-439.

[3] 刘辉,董克勤. 环境温度场对台风扰动发展和移动的影响[J]. 气象学报,1987,**45**(2):188-194.

[4] 苏丽欣,黄茂栋,黄晴晴. 近10a西北太平洋海域登陆台风的环境场特征分析[J]. 气象研究与应用,2007,**28**(4):11-16.

[5] 钟元,余晖. 环境环流变化对东海热带气旋路径折向的影响[J]. 浙江大学学报(理学版). 2005,**32**(3):343-349.

[6] 吕美仲,侯志明,周毅. 动力气象学[M]. 北京:气象出版社,2004.

The Analysis of Environment Field Change During the Turning Time of Typhoon Kompasu (1007)

ZHU Zhihui[1]　　*HUANG Ningli*[1]　　*DAI Ping*[2]

(1 *Shanghai Marine Meteorological Center*, *Shanghai* 　201306; 2 *Meteorological Center of CAAC East China Air Traffic Management Bureau*, *Shanghai* 　200335)

Abstract

Using MICAPS and FNL reanalyzed data, the environment field change during the turning time of typhoon Kompasu is analyzed. The results show that: The structure changing of subtropical high from acute head to square head was an important cause for the turning of Kompasu; The increment of westerly and northerly winds from low to high levels was beneficial to the right turn of Kompasu; When there is a trough maintained in mid-latitudes, or cold air behind cold vortex spreads, typhoon may turn in the future. The warm advection of environment from 850 hPa to 200 hPa strengthened the warm-cored structure of Kompasu, which was effective to the turning of Kompasu. The interaction of Coriolis force and pressure gradient force was important to the turning of Kompasu; The increment of relative vorticity above 850 hPa strengthened Kompasu, and it was effective to the turning of Kompasu; The β effect at middle-high layers played a key role to the turning of Kompasu.

金华地区一次副热带高压控制下强对流天气过程诊断分析

严红梅　黄　艳

（浙江省金华市气象局　金华　321000）

提　要

2012 年 8 月 18 日金华地区出现了大范围的强对流天气，以短时强降水和雷雨大风为主。本文基于常规气象观测、多普勒天气雷达和自动气象站等资料分析发现：此次过程出现在副高控制和有弱冷空气渗透影响的背景下；强对流发生前大气层水汽条件较好，前期不断加强西伸的副高为能量和水汽的积聚起到了较好的作用，中等强度的对流有效位能值有利于降水形成；地面辐合线生成之后，相隔 2 h 左右该地区产生强对流天气。雷达分析表明，在盛夏季节强对流天气中，回波顶高值达到最大时风暴发展到成熟阶段，上下各层回波强度结构和风暴生命史长短对短时暴雨是否出现及强度有一定的判别作用。

关键词　副热带高压　CAPE 值　地面辐合线　雷达回波

0　引　言

强对流是在特定的形势下出现的短时灾害性天气。对产生强对流的天气型已有较多的研究[1~3]，主要有冷锋、准静止锋、高空槽（切变线）、冷涡、副热带高压西侧湿区和台风倒槽等。近年来对以上类型的强对流研究得到加强，并取得了很多成果。然而盛夏季节里，副热带高压控制下也会发生强对流天气，该类强对流天气容易出现漏报和空报，对该类强对流天气的强度和范围也难以估计。近年来对副高控制下的强对流天气也有一些研究，邢用书等[4]对发生在鹤壁地区一次副高控制下的局地特大暴雨过程进行了细致的分析；尹红萍等[5]对盛夏上海地区副热带高压型强对流特点进行了深入分析。而近年来，金华地区副高控制下也频繁出现强对流天气。本文利用常规气象观测、多普勒天气雷达和自动气象站等资料，针对 2012 年 8 月 18 日 13—19 时金华地区一次局地强对流天气进行了比较全面的分析，以期为今后发生在副高内的强对流天气提供更好的预报思路。

1　环流形势

18 日 08 时 500 hPa 高空槽线分别位于内蒙古东北部到西南部，以及甘肃东南部到

资助项目：金华市气象局局立项目（2011-07）。

作者简介：严红梅（1981—），女，江苏吴江人，硕士，工程师，主要从事短时临近预报工作等有关领域的研究。

E-mail：Yanhongmei716@163.com。

大气科学研究与应用(2013・1)

四川西北部一线,地面冷锋从黑龙江北部向西南延伸至陕西南部,金华地区处于副热带高压控制,700 hPa 和 850 hPa 切变线位于地面冷锋附近,高空 500 hPa 的 24 h 负变温大值区在江西中南部和福建西北部地区(图1),金华地区也是负变温区,负变温值为−1℃,可见,江西、浙江中部及福建地区高空有冷平流渗透影响,该地区有强对流的可能性较大(图1)。

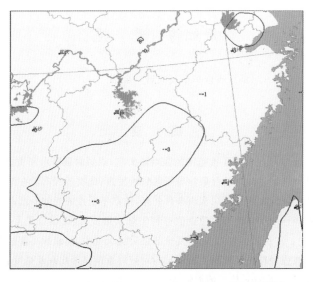

图1 2012 年 8 月 18 日 08 时 500 hPa 24 h 变温图

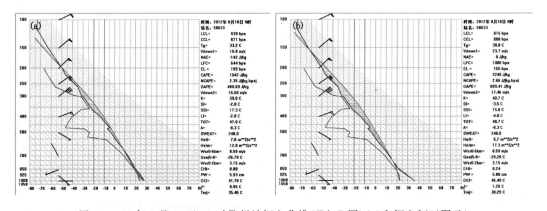

图2 2012 年 8 月 18 日 08 时衢州站探空曲线(T-$\ln P$ 图)(a)和探空订正图(b)

14—18 日金华地区一直处于副高控制下,至 18 日 08 时,500 hPa 高空图海上副高与大陆副高已经合并,形成一个庞大的东西向副高带,588 位势什米线已北移至安徽—河南北部一带,浙江完全处于副高控制区内。14—18 日每天 08 时对流有效位能(convective available potential energy,CAPE)值基本都在 1100 J・kg^{-1} 以上,且在此期间并无大规模强对流天气发生。18 日 08 时的探空图显示(图2),当天 K 指数达 39℃,SI 指数为−3.12℃,且存在上干下湿的特征,风垂直切变较弱;用当天衢州的最高温度和露点温度对探空进行订正,发现 CAPE 值明显增大,达到了 2249 J・kg^{-1},明显增大了一倍,即午后升温导致不稳定能量增大,此外,用于表征雷暴大风潜势的参量 DCAPE[6,7]和下沉气流最大速度,订正后分别达到了 609.41 J・kg^{-1} 和 17.46 m・s^{-1}。因此当地面出现较好的辐合抬升条件时，有利于产生午后局地强降水和雷雨大风天气。

2　水汽条件分析

在 700～1000 hPa 气柱内相对湿度都在 80％以上，且大气可降水量 PW（precipitable water）达到了 59.3 cm，说明当天的水汽条件较好，高层 500 hPa 以上都比较干，正好形成上干下湿的配置，为强对流的发展提供了有利的条件，当天高空实况图（图略），850 hPa 的湿舌（$T-T_d \leqslant 4℃$）和 500 hPa 的干舌（$T-T_d \geqslant 15℃$）正好对应在浙江中南部一带，金华地区 500 hPa $T-T_d \geqslant 20℃$，700 hPa 以下 $T-T_d \leqslant 4℃$。

3　触发条件

多数雷暴的抬升触发位于地面附近，地面附近的触发多数与边界层辐合线有关，包括与锋面相联系的辐合线、雷暴的出流边界（阵风锋）、海陆风环流形成的辐合线及地形造成的辐合线等。边界层辐合线反映了地面或对流层低层的不稳定，其与风暴的新生和发展存在紧密联系。Wilson 等[8]的研究初步证实：从新一代天气雷达和加密自动站上能够观测到明显的边界层辐合线：包括海风锋、阵风锋、山谷风、地面弱风切变等。而且辐合线及地形作用与这一地区的风暴局地新生和快速演变存在密切关联。陈明轩等[9]通过对 2006—2008 年京津冀地区近 30 个对流风暴典型个例进行统计，进一步证实了辐合线对该地区的风暴生消、发展存在显著影响。

18 日 14 时浙江省的中尺度自动站风场有两条辐合线（图 3a），这两条辐合线分别在金华西南部丽水西北部、台州北部附近的金华境内武义、永康一带相交，之后西部的切变不断东伸，而东部的切变不断北移，强对流沿着切变线发展，18 日 16 时（图 3b）东部的切变沿东阳磐安一直延伸到绍兴一带，西部的切变从东阳永康延伸到丽水北部一带，辐合中心位于我区的东阳浪坑坞附近地区，而 18 时以后该地区有强对流开始发展，导致浪坑坞

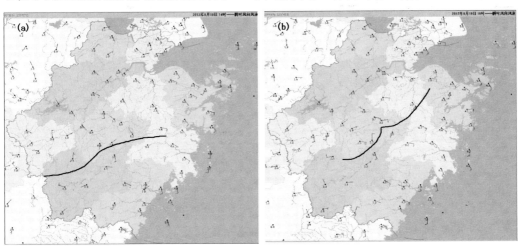

图 3　地面中尺度自动站风场上的辐合线

(a)2012 年 8 月 18 日 14 时；(b)2012 年 8 月 18 日 16 时

地区短时暴雨。

从地面辐合线第一次生成(18 日 14 时)到强对流发生(18 日 16 时),第二次从 18 日 16 时到 18 日 18 时,相隔 2 h,辐合线生成后,横贯浙江东西,导致这次强对流大范围、长时间的发生。

4 雷达回波演变分析

图 4 显示 18 日 13 时有较分散的雷暴在衢州部分地区、金华的婺城南部、东阳东部、武义、永康的部分地区小规模发展,一直持续到 16 时,雷暴开始在衢州大部分地区、金华的武义、永康大规模新生发展,并且逐渐延伸到义乌地区,且不断往西北方向移动发展,到 16 时 30 分左右回波前沿已影响义乌、金东、武义、兰溪地区,此时雷暴由两部分组成,第一部分是位于遂昌-武义-义乌-浦江南一线的带状雷暴,带上有多个单体雷暴,强度达 48 dBz 以上,回波顶高(echo top,ET)超过 14 km,径向速度图上有多个逆风区块存在,预示着回波不断加强发展。该带状回波不断往西北方向发展,所经之地,多个站点出现短时暴雨,其中浦江出现风速 20 m/s 的大风,不同仰角的速度图上显示出存在深厚的辐合

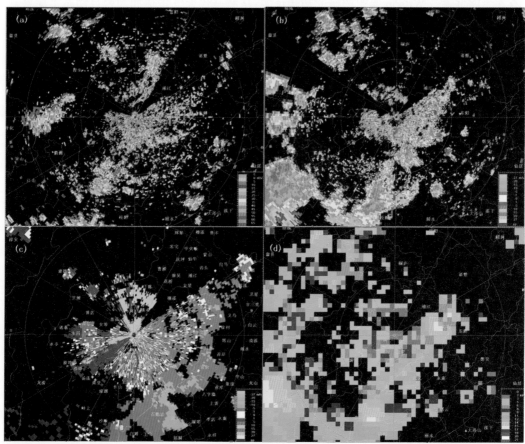

图 4   金华雷达 2012 年 8 月 18 日 13 时 0.5°仰角反射率因子图(a);16 时 30 分 0.5°仰角反射率因子图(b);16 时 30 分 0.5°仰角径向速度图(c);16 时 30 分回波顶高图(d)

（图略）。第二部分位于兰溪地区零散的块状雷暴，ET 在 10 km 左右，径向速度图上辐合明显，回波加强发展，范围不断扩大。之后随着第一部分带状回波往西北方向加强发展与第二部分回波逐渐合并，横扫金华、兰溪、浦江的大部分地区，多个站点出现短时暴雨、大风和强雷电。综上所述，也验证了回波的发展是沿着前文所述"14 时地面辐合线"发展的。

第二条地面辐合线出现在 16 时，且类似于气旋状的一个辐合中心出现在东阳浪坑坞附近地区，2 h 后该地区出现强对流的可能性较大，到 18 时 30 分，也验证了这一结论，东阳—浪坑坞地区有一小块回波开始从中空发展，初始强度为 15～30 dBz，此后回波向上向下不断生长，强回波中心在 5 km 左右（4.3°仰角），强度为 40 dBz 左右。两个体扫后，18 时 45 分 ET 发展到 16 km，此时 0.5°～6.0°仰角反射率因子图上回波强度都超过 50 dBz，且 1.5°、2.4°和 6.0°仰角最强回波都达到了 60 dBz 以上，回波强中心高度达到 8 km 左右；下一个体扫回波继续发展，ET 发展到 18 km，此时达到这次浪坑坞暴雨中 ET 的最大值。

此时 2.4°和 3.4°仰角上该地区最强回波超过 60 dBz，其余仰角均在 60 dBz 以下，回波强中心高度有所下降，在 4～5 km 附近，而风暴云顶已升至对流层顶附近，此时风暴发展已经到达成熟期，雷达回波接地，降水出现。18 时 57 分，ET 下降为 13 km，强回波高度为 6 km 左右，之后连续三个体扫，ET 都维持在 13 km，回波从高层到低层结构较平直，并无垂悬结构出现，强反射率因子的核心高度不超过 8 km（图 5），而当天 0℃和 −20℃高度分别为 5.2 km 和 8.4 km，出现冰雹的可能性较小，以短时强降水为主，在强回波的影响下这三个体扫出现 23.3 mm 降水。如表 1 和图 5 所示。

表 1　浪坑坞地区强降水时段每个体扫内不同仰角回波的强度和高度对应的降水量

时间	降水量 （mm）	ET 回波 顶高 （km）	0.5°仰角 回波强度 （dBz）	1.5°仰角 回波强度 （dBz）	2.4°仰角 回波强度 （dBz）	3.4°仰角 回波强度 （dBz）	6.0°仰角 回波强度 （dBz）	9.9°仰角 回波强度 （dBz）
18:39	0	11	38	38	53	58	63	18
18:45	0	16	48	63	63	58	63	18
18:51	0.4	18	58	58	63	63	53	38
18:57	13	13	58	58	58	58	53	33
19:03	9.1	13	58	58	63	58	53	38
19:09	7.0	13	53	58	58	38	38	43
19:14	7.2	13	53	53	53	53	43	28
19:20	12.6	11	53	58	53	38	28	28
19:26	5.7	11	43	43	38	33	18	13
19:32	2.1	8	38	28	28	23	18	8

19 时 20 分 ET 下降到 11 km，回波强中心迅速下降，一个体扫后，回波强度明显减弱，此时是该风暴的消亡阶段，下沉气流扩散到整个单体，降水持续，到 19 时 32 分回波各层强度明显减弱，ET 也下降到 10 km 以下，随着风暴继续消亡，降水减弱直至消散。

从风暴发展到逐渐消亡这个过程中可知：风暴在中空开始初生；发展到成熟阶段，ET 快速增高，风暴发展到最强盛阶段，ET 达到最高，各个仰角回波强度最大时，预示着降水开始出现。降水也是集中在风暴成熟阶段。此阶段回波强度如果出现 60 dBz 以上，且上下各层回波强度并无垂悬结构,预示着冰雹出现的概率很小,此时就要留意短时强降水的出现。

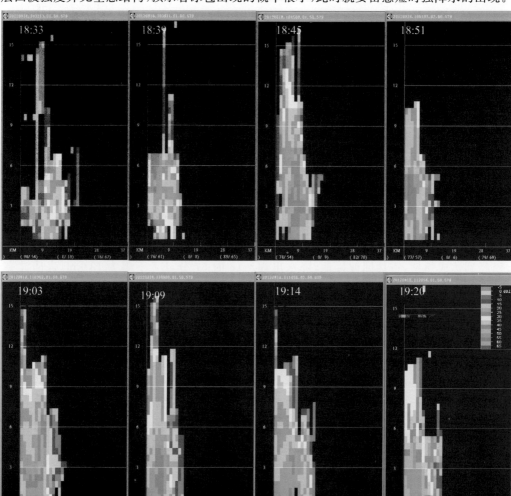

图5　2012年8月18日18时33分至19时20分强风暴的垂直剖面

　　该风暴出现的强降水持续了1 h左右,说明该风暴单体的生命史较长,因此,当天的外部环境对风暴发展还是起了一定的作用,与当天出现的中等强度的对流有效位能CAPE值有很大的关系,中等强度的CAPE值比极端的CAPE值更有利于强降水的形成,由于极端的CAPE值会使气块加速通过暖云层,从而减小了通过暖云过程形成降水的时间,导致大量水汽进入高层,促进冰晶和冰雹形成,而中等强度的CAPE值作用正好相反,它有利于降水的形成。

5　小　结

　　(1)盛夏季节里,在前期不断加强西伸的副热带高压作用下,水汽和不稳定能量积聚到一定程度,当低层辐合条件较好时,也会发生强对流天气。

（2）中等强度的 CAPE 值有利于风暴的生命史延长,从而有利于降水形成。地面辐合线的产生和变化,预示着雷暴的发生及发展趋势,对两条切变线交界处产生的类似气旋辐合的地区要特别留意其产生的强对流。

（3）在盛夏季节强对流天气中,风暴发展到成熟阶段,回波顶高值达到最大后,降水开始出现,主要强降水时段集中在回波顶高较稳定时期。

参考文献

[1] 李勇,孔期.2006 年 5—9 月雷暴天气及各种物理量指数的统计分析[J].气象,2009,**35**(2):64-70.

[2] 翟国庆,俞樟孝.应用雷达回波与地面扰动场作强对流天气分析[J].科技通报,2009,**7**(4):196-201.

[3] 漆梁波,陈雷.上海局地强对流天气及临近预报要点[J].气象,2009,**35**(9):13-14.

[4] 刑用书,陈海明,陈静.副高控制下鹤壁局地大暴雨过程分析[J].气象与环境科学,2009,**32**(9):153-158.

[5] 尹红萍,曹晓岗.盛夏上海地区副热带高压型强对流特点分析[J].气象,2010,**36**(8):19-25.

[6] Emanuel K A. Atmospheric Convection[M]. Oxford University Press, 1994:172-173.

[7] 秦丽,李耀东,高守亭.北京地区雷暴大风的天气—气候学特征研究[J].气候与环境研究,2006,**11**(6):755-761.

[8] Wilson J W,Chen M X,Wang Y C. Nowcasting Thunderstorms for the 2008 Summer Olympics. Preprint the 33rd International Conference on Radar Meteorology[C]. Amer. Meteor. Soc, Cairns,Australia,2007.

[9] 陈明轩,高峰,孔荣等.自动临近预报系统及其在北京奥运期间的运用[J].应用气象学报,2010,**21**(4):395-404.

Diagnosis of Severe Convective Weather Occurring in the Subtropical High in Jinhua Area

YAN Hongmei　　*HUANG Yan*

(*Jinhua Meteorological Observatory of Zhejiang*, *Jinhua* 321000)

Abstract

A strong convection with short-time heavy rainfall and strong wind occurring on August 18, 2012 was analyzed using the conventional weather data, Doppler radar data and automatic weather station (AWS) data, the results showed that the severe convective weather occurred in region of the subtropical high with the weak cold air intrusion in the middle layer; the water vapor in the atmosphere and the convective instable energy were significantly strong before the convection initiation due to the extension and strengthening of the subtropical high, and the moderate CAPE value is an appropriate trigger mechanism. The severe convective weather occurred two hours after the convergence line's appearance. Echo top of Doppler radar was an important index in the developing stage of storm, the structure and the lifetime of the convection have some indicators to short-time rainstorm appearance and strength.

上海地区强降水特征分析

顾忠良

(上海市松江区气象局　上海　201600)

提　要

利用上海地区 11 个国家级台站 2006—2012 年高时间分辨率降水资料——J 文件资料,分析上海地区 1 h、3 h、6 h、12 h、24 h 强降水发生特点。结果表明:1 h 强降水在中心城区和近郊比远郊明显偏多。年降水量与强降水关系分析表明:当年降水量≥1100 mm 时,1 h 降水量≥20 mm 的强降水出现次数与年降水量有着显著的正相关关系;但年降水量<1100 mm 时,相关不显著。进一步分析表明:单站各时段强降水年出现次数与降水量级的关系呈现显著的指数关系,年强降水出现次数随着降水量级的提高显著下降。

关键词　强降水　高时间分辨率降水资料　年强降水出现次数

0　引　言

强降水是指单位时间内降水强度较大的降水。一般把 24 h(或 12 h)内超过 50 mm(或 30 mm)的强降水定义为暴雨;时间较短的强降水称为短时强降水,其标准各地不一。主要以短时强降水造成的影响程度作为标准。一般以降水强度超过 20 mm/h 或 50 mm/h,持续时间不超过 6 h 作为标准[1]。

强降水是主要的灾害性天气之一。强降水可以造成城市内涝,淹没道路及涵洞,致使交通瘫痪;建筑物及民居进水造成物损和人员伤亡;农田被淹,造成作物死亡。2012 年 7 月 21 日北京遭遇特大暴雨袭击,全市平均降雨量 170 mm,城区平均降雨量 215 mm,造成死亡 79 人,经济损失超过百亿元的大灾情[2]。上海是强降水多发地区,几乎每年都因强降水而致灾。近年来,影响范围和程度较大的强降水日期有 2008 年 8 月 25 日[3]、2009 年 8 月 2 日、2011 年 6 月 18 日、2012 年 6 月 18 日、2012 年 8 月 8 日等。强降水灾害是城乡各级管理部门防灾的主要工作;强降水资料是城市规划、城市排水系统设计、建筑物排水设计、设施农业设计重要的基础资料。

在自动气象站使用之前,降水强度用自记纸记录,除了年报表中 15 个时段降水量为分钟外,其他资料都是以小时或天为时间单位保存在报表中。贺芳芳等[4]利用上海地区 11 个气象站 1979—2008 年降水资料分析了上海地区近 30 年暴雨的气候变化特征和暴

资助项目:上海市气象局局立项目(MS201215)。

作者简介:顾忠良(1962—),男,上海人,工程师,长期从事农业气象工作等有关领域的研究。

雨的天气成因。强降水资料由于时间分辨率较低,对于较短时段的强降水统计,往往出现遗漏,统计准确度较差。2003 年起,上海地区陆续安装了自动气象站,降水资料以分钟为时间单位保存,可以较方便地实现时间精度为分钟的各时段降水量的处理。2006 年起,上海 11 个国家级台站都实现了降水量自动观测,为降水资料的自动处理提供了条件。近年来,盛杰等[5]开展了分钟降水资料在天气分析中的应用研究。

本文利用高时间分辨率的分钟降水资料,运用数理统计和数学模拟方法,对上海地区不同时间尺度强降水进行分析,试图找出强降水的时空分布特征、强降水的发生概率,为各有关部门制定防灾方案提供依据,为各类工程规划和设计提供强降水资料。

1 资料来源及处理

运用上海地区 1 个国家基本站和 10 个国家一般站 2006—2012 年 J 文件数据,对其中的分钟降水资料以分钟为时间单位进行滑动累加,累加时段分别为 1 h、3 h、6 h、12 h 和 24 h,挑取一天中最大者,若出现 1 h≥20 mm、3 h≥50 mm、6 h≥50 mm、12 h≥50 mm、24 h≥100 mm 的降水量,记录其出现台站号、时间和降水量,1 天内只挑一次,如 1 天中出现 2 次或以上达到上述条件的,只记录其最大者,可跨日跨月挑取。如 J 文件分钟资料缺测,用小时降水资料代替。各等级统计样本数如表 1 所示。

表 1 上海市 2006—2012 年各等级降水量样本数

时间长度(h)	降水量(mm)	样本数
1	≥20	420
1	≥50	42
3	≥50	91
6	≥50	144
12	≥50	207
24	≥100	56

2 强降水的地区差异

2.1 1 h 强降水的地区差异

图 1a 为上海地区≥20 mm/1 h 强降水年平均出现次数分布图。可以看到,上海中心城区和近郊明显多于远郊。中心城区的徐家汇和浦东新区出现次数分别为 7.7 次/a 和 7.0 次/a,包括闵行、宝山、嘉定的近郊站出现次数都在 5.7 次/a 以上;包括松江、青浦、金山、奉贤、南汇和崇明的远郊站则在 5.3 次/a 以下,青浦最少为 4 次/a。计算两者间差异的 t 值为 4.16,通过 α=0.01,n=11−2 的 t 检验,表明两者存在明显的差异。

而≥50 mm/1 h 强降水的年平均出现次数,其地区分布规律不明显。最多出现在嘉定为 1 次/a,其次为松江 0.9/a,同为上海西部的青浦仅 0.4 次/a,南部金山最少为 0.14 次/a。与≥20 mm/1 h 相比,≥50 mm/1 h 高值中心有西移的趋势,金山、青浦、崇明、浦东、南汇等站均≤0.4 次/a。其原因是 2009 年 7 月 30 日、2010 年 9 月 1 日等几次较大范围的强降水,在金山、南汇、崇明、青浦和浦东新区均未出现,造成这几个台站降水量≥50 mm/1 h 的次数较少。因为样本数少,尚不能确认≥50 mm/1 h 强降水出现次数是否存在地区分布规律。在本文以下的统计中还是按照中心城区(包括近郊)和远郊进行划分。

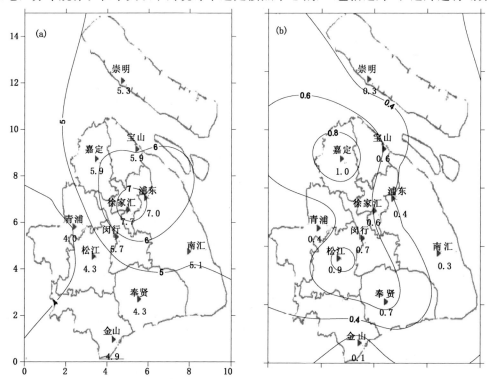

图1 上海地区出现强降水≥20 mm/1 h (a)和≥50 mm/1 h(b)的年平均出现次数分布

2.2 3 h～24 h 强降水的地区差异

≥50 mm/3 h 强降水的年平均出现次数以闵行和浦东新区最多,均为 1.7 次/a,金山最少为 0.7 次/a。≥50 mm/6 h 的出现年均次数分布与≥50 mm/1 h 的分布类似,最多出现在嘉定为 2.6 次/a,最小值出现于青浦为 1.3 次/a。≥50 mm/12 h 年平均出现次数,最多为松江 3.3 次/a,最小值在青浦。

以台站为单位,统计各台站各量级降水出现次数,计算各量级强降水出现次数的均值和标准差,然后计算其变异系数(变异系数为标准差与平均数的比值),列于表2。结果表明,≥50 mm 的强降水,随着样本数的增加(降水时段的延长),其变异系数明显变小,说明台站间的差异有很大部分的原因是样本数量少所造成的偶然性问题。≥20 mm/1 h 的样本数虽然为 420 个,明显多于≥50 mm/12 h 的 207 个,但因为前者存在中心城区(及近郊)与远郊的差异,其变异系数大于后者,这也说明≥50 mm/12 h 的台站间差异小于≥20 mm/1 h 的台站间差异。

表2 各时段强降水出现年平均次数的变异系数

降水量	≥20 mm/1 h	≥50 mm/1 h	≥50 mm/3 h	≥50 mm/6 h	≥50 mm/12 h
变异系数	0.21	0.50	0.28	0.23	0.19
样本数	420	42	91	144	207

上海地区日降水量≥100 mm 的强降水分布表现出中心城区和南部郊区较多，东部、西部和北部郊区较少的特征。徐家汇最多为 1 次/a，崇明最少为 0.3 次/a。由于统计时间短、样本数少，7 年中出现次数最多的徐家汇仅 7 次，崇明最少只有 2 次，我们认为这种差异不具代表性。

2.3 强降水地区分布的理论依据

根据漆梁波等[6]的研究：盛夏季节在上海市区和北部地区，经常出现弱切变线，这种切变线在合适的环流背景下，生成强对流天气，而弱切变的形成原因是海陆风和城市热岛效应。因此，上海中心城区和近郊短时强降水较多有其物理依据。

对于较长时间的强降水和雨量大的极端降水，陶诗言研究表明[7]，暴雨出现在强上升速度和非常暖湿的不稳定空气中，上升运动有大尺度、中尺度（20～300 km）和小尺度（1～20 km）以及地形引起的上升运动。持久性的暴雨（数小时～24 h）应有适宜的物理条件：大形势稳定；水汽的输送和辐合，经常存在一支天气尺度的低空急流，它将暴雨区外围的水汽迅速向暴雨区集中。上海地区地处长江三角洲的冲积平原上，地势平坦，海拔高度一般在 3～5 m，不存在因地形引起的强迫抬升作用。最大的地理差异是水陆差异和城市化程度的差别上，上海的地理范围较小，南北跨度 120 km，东西跨度 100 km。往往一个中尺度系统就能覆盖全市。大中尺度的天气系统上海全市发生发展条件无差异；小尺度系统没有长期在某地停留的地理条件；水汽输送条件全市无明显差异。因此我们认为：对于短时强降水，存在地区差异的原因在于海陆风和城市热岛等效应；对于较长时间（3 h 以上）的强降水，全市发生的地理条件相似，发生概率应无较大差异，所发生的地区分布差异为资料长度较短所造成的偶然性引起的。

3 强降水年际差异

2006—2012 年的 7 年期间，上海 11 个台站年降水量与≥20 mm/1 h 频数的关系发现，当该台站年降水量≥1100 mm 时，出现≥20 mm/1 h 强降水频数与年降水量有着显著的正相关关系（图 2），相关系数 $r=0.65$，通过 F 检验。但年降水量＜1100 mm 时，相关不显著，r 仅为 0.18，未通过检验，在年降水量＜1100 mm 的 26 个样本中，出现了 9 个强降水次数≥6 次/a（全市平均次数为 5.5 次/a）的偏多年样本，占比达 35%，其中还出现 3 个样本短时强降水次数 8 次/a 以上的多发年。表明年降水量较多年份（≥1100 mm）出现短时强降水的次数也较多，并且随着年降水量的增加而增加；在年降水较少年份，短时强降水多发和少发情况都有可能出现。≥50 mm/12 h 强降水出现次数与年降水量也呈较好的相关关系，相关系数为 0.49。根据上海松江气象台 1955—2012 年间年降水量资料分析，我们定义：距平值＝年降水量－常年降水量。当距平值≥1σ，且≤2σ 作为偏多年；当距平值≥-2σ，且≤-1σ 作为偏少年；当距平值≥2σ（≤-2σ）作为异常偏多（偏少）。58 年间共出现 1 年异常偏多、1 年异常偏少、7 年偏多、6 年偏少。2006—2012 年资料中包含 1 年偏多、1 年偏少，偏多和偏少年份比例与前者相近，但无异常偏多或偏少年。因此，2006—2012 年资料基本可以代表 58 年正常降水年和偏多（少）降水年，但缺少异常降水年份资料，未能分析极端降水年的强降水情况。

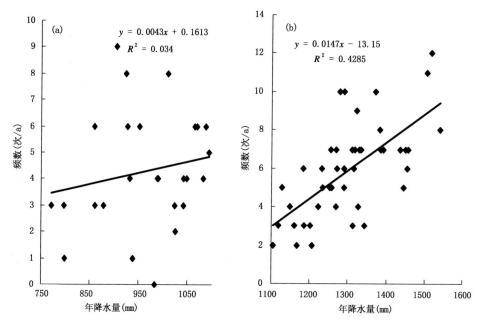

图 2　年降水量与≥20 mm/1 h 出现频数关系图
(a)年降水量<1100 mm;(b)年降水量>1100 mm

4　强降水年出现次数分析

4.1　强降水过程的降水量空间分布差异大

尺度分析理论表明,强降水天气往往是多种天气尺度系统共同作用的结果。如天气尺度系统气旋、锋面一般会带来大范围的稳定降水,但若衍生了雷暴、飑线等中小尺度系统就会产生局地暴雨等强降水天气。由于这些中小尺度系统的水平尺度相差很大,β 中尺度为 20~200 km,而 α 小尺度仅 0.2~2 km[8]。并且,这些中小尺度系统的不同位置其降水量差异很大,如雷暴单体,强降水出现在其运动方向的中后部。由于雷暴等天气系统过境时,其发展程度、水汽输送及其他系统的相互影响情况都不同,因此,其所经之处的降水情况也不相同,强降水过程的降水量水平分布差异很大。

图 3 是上海地区 2009 年 7 月 30 日一次强降水过程的降水量分布图。这次过程上海地区除了北部的崇明和西南部金山、松江部分地区外,普降了暴雨,其中,西至青浦西部,东至南汇西部,北至徐家汇,南至奉贤中部,东西跨度 70 多 km,南北跨度 30 多 km 的范围内出现了降水量 100 mm 以上的大暴雨和特大暴雨区,其中位于闵行区西南部的大治河西闸雨量点出现了 145 mm 的特大暴雨,是这次过程中记录到的最大降水值。由于雨量观测站呈点状分布,而实际的降水是呈面状分布的,在这个大暴雨区域每个点都应有降水,在记录到的最大值附近很有可能存在更大的降水量。因此,有必要做一个强降水出现概率的数学模拟模型,以求出单点强降水的出现概率。

4.2　强降水出现次数的统计规律

根据本文第三节的第 2 和第 3 小节的讨论,为了弥补样本在时间空间上资料的不足,

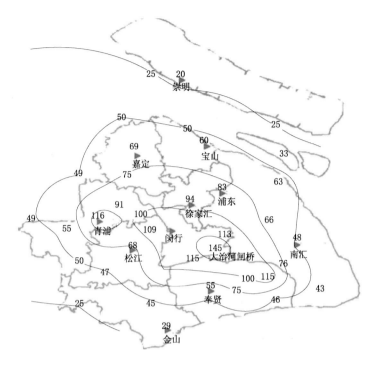

图 3　上海地区 2009 年 7 月 30 日 12－17 时降水量的空间分布（单位：mm）

我们把全市符合强降水统计标准的样本（即≥20 mm/1 h，≥50 mm/3 h，…）合并统计，对于≥20 mm/1 h 的强降水按照本文第三节的第 1 小节分为中心城区（及近郊）和远郊分别统计。把中心城区及近郊（徐汇、浦东、闵行、宝山、嘉定）5 个站 2006—2012 年≥20 mm/1 h 强降水的出现总次数按量级排序，每 10 mm 为一个降水量级，统计≥20 mm/1 h，≥30 mm/1 h，…，≥110 mm/1 h 的出现次数，把各降水量级出现的总次数除以站数 5 再除以年数 7，得到中心城区及近郊平均每年每站各量级出现次数。绘制成如图 4a 中的柱形部分。用同样方法制作远郊 6 站的各降水量级出现次数如图 4b 所示。

对于≥50 mm/3 h，≥50 mm/6 h，≥50 mm/12 h，≥100 mm/24 h 强降水的出现次数认为其形成机制各站间相似，地区差异不明显，出现的均值差异认为是随机因素造成的，因此不分区域，进行合并统计。与≥20 mm/1 h 一样，按 10 mm/h 一档，统计大于等于该量级的降水量级出现次数，除以年数 7，再除以总测站数 11，得到单站年平均≥各量级降水量的出现次数。

从图 4 的柱形部分可以看出：≥20 mm/1 h 降水的次数随着降水量级的递增而快速下降，当降水量级达到 70 mm/1 h 时变化趋缓，随着量级的增加，出现次数逐渐接近 0。类似于指数曲线。3 h 及以上降水时段的分布亦与此类似（图略）。

4.3　≥20 mm/1 h 强降水出现次数的数学模拟

以函数 $y = a \times \exp(-(x-20)/b)$ 做数学模拟（式中 x 为无量纲降水等级），例如，对于 20 mm/1 h，$x = 20$；y 为单站各级（≥20 mm/1 h）强降水年平均出现次数（下同）。用 2006—2012 年资料，并设 20 mm/1 h 和 50 mm/1 h 两个点作基准，分别对中心城区（及近郊）和远郊进行数学拟合，求出中心城区（及近郊）：$a = 6.4286$，$b = 13.1544$。得到模拟

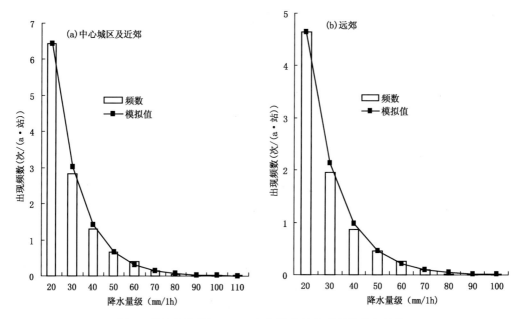

图 4　单站年平均≥20 mm/1 h 降水量出现频数分布规律

方程为：

$$y=6.4286\times\exp(-(x-20)/13.1544)$$

而对于远郊测站，求得：$a=4.64$，$b=12.85776$。得到的模拟方程为：

$$y=4.64\times\exp(-(x-20)/12.85776)$$

用该模拟方程计算出各量级的单站年均出现次数如图 4 中折线所示，可以看出与实际出现次数很接近。

表 3 分列了中心城区（及近郊）和远郊≥20 mm/1 h 的强降水的单站年均出现次数及模拟方程的模拟值，表中可见，中心城区（及近郊）与远郊≥20 mm/1 h 的单站年均出现次数有较大差别，≥20 mm/1 h 强降水的单站年均出现次数前者为 6.43 次/(a·站)，而后者仅 4.64 次/(a·站)；≥50 mm/1 h 的单站年均出现次数前者为 0.66 次/(a·站)，即约 3 年 2 遇，而后者为 0.45 次/(a·站)，即不到 2 年 1 遇。

数据还表明，经验公式能较好地模拟上海地区各量级降水发生情况，≥70 mm/1 h 的单站年均出现次数和≥90 mm/1 h 的单站年均出现次数，模拟值与实际值一致，≥40 mm/1 h 的单站年均出现次数模拟值略多于实际值。

表 3　各级 1 h 强降水出现频数与模拟值比较(次/(a·站))

区域		1 h 强降水量(≥mm/h)						
		20	40	50	70	90	100	110
中心城区及近郊	实测	6.43	1.29	0.66	0.14	0.03	0.03	0.03
	模拟	6.43	1.41	0.66	0.14	0.03	0.01	0.01
远郊	实测	4.64	0.86	0.45	0.10	0.02	0.01	—
	模拟	4.64	0.98	0.45	0.10	0.02	0.01	0.00

4.4　3 h 及以上时段强降水出现频数的数学模拟

与上述处理方法相同，得到 3 h 及以上各时段单站强降水的年出现次数模拟方程分别为：

$$3\ h:\quad y=1.18\times\exp(-(x-50)/20.459)$$

$$6\ h:\quad y=1.87\times\exp(-(x-50)/20.79)$$

$$12\ h:\quad y=2.623\times\exp(-(x-50)/23.75)$$

$$24\ h:\quad y=4.406\times\exp(-(x-50)/27.75)$$

各时段强降水年均出现频数的实测值和模拟值列于表 4。可以看出，模拟值都很接近实测值，从模拟值中可见，各时段出现 ≥100 mm 的强降水，3 h 为 0.1 次/a、6 h 为 0.17 次/a、12 h 为 0.32 次/a、24 h 为 0.72 次/a。对于未观测到的资料，如 12 h 出现超过 180 mm 的强降水未观测到，但可用模拟值估算出其单站的年出现概率为 1%，即百年一遇。

表 4　各时段 ≥ 各降水量级出现频数及模拟值（次/（a·站））

降水量级（≥mm）	50	70	80	100	110	120	140	150	180	200	250
3 h 实测	1.18	0.38	0.27	0.09	0.06	0.03	0.01	—	—	—	—
3 h 模拟	1.18	0.44	0.27	0.10	0.06	0.04	0.01	0.009	0.000	0.000	0.000
6 h 实测	1.87	0.60	0.43	0.17	0.10	0.06	0.01	—	—	—	—
6 h 模拟	1.87	0.71	0.44	0.17	0.10	0.06	0.02	0.02	0.004	0.001	0.000
12 h 实测	2.62	1.13	0.78	0.30	0.21	0.14	0.05	0.03	—	—	—
12 h 模拟	2.62	1.13	0.74	0.32	0.21	0.14	0.06	0.04	0.01	0.004	0.000
24 h 实测	—	—	—	0.72	0.55	0.34	0.17	0.14	0.01	0.004	—
24 h 模拟	—	—	—	0.72	0.51	0.36	0.17	0.12	0.04	0.02	0.003

5　结论与讨论

通过对上海市 2006—2012 年自动站高时间分辨率各时段的 ≥ 各级强降水年平均出现频数的统计分析，我们得到以下主要结果：

（1）≥20 mm/1 h 的出现次数中心城区及近郊明显多于远郊，分别为 6.43 次/（a·站）和 4.64 次/（a·站）；较长时段的强降水由于样本数量较少，不能判别地区差异。

（2）用指数函数模拟各时段 ≥ 各级降水量的出现概率，得到的计算结果与实测到的数据较一致，因此，我们可以用经验公式计算出未观测到的某个降水量级的出现概率，也可以计算各种极端降水的出现概率，为各类工程设计提供依据。

（3）在分析较长时段强降水概率时，都假设了上海全市无差异，事实上差异是应该存在的，如从常年年降水量的分析中发现，北部的崇明比中心城区的徐家汇和浦东偏小，这可能影响到强降水的出现概率，这些在实际应用时应予以注意。

参考文献

[1]　杨诗芳,郝世峰,冯晓伟等. 杭州短时强降水特征分析及预报研究[J]. 科技通报,2010,**26**(4): 494-500.

[2]　杜龙刚,白国营,杨忠山等. 7. 21暴雨与 63. 8暴雨对比分析[J]. 北京水务,2012(5):14-15.

[3]　曹晓岗,张吉,王慧等. "080825"上海大暴雨综合分析[J]. 气象,2009,**35**(4):51-58.

[4]　贺芳芳,赵兵科. 近 30 年上海地区暴雨的气候变化特征[J]. 地球科学进展,2009,**24**(11): 1260-1267.

[5]　盛杰,张小雯,孙军等. 三种不同天气系统强降水过程中分钟雨量的对比分析[J],气象,2012,**38** (10):1161-1169.

[6]　漆梁波,陈雷. 上海局地强对流天气及临近预报要点[J]. 气象,2009,**35**(9):11-17.

[7]　陶诗言. 中国之暴雨[M],北京:科学出版社,1980.

[8]　张杰. 中小尺度天气学[M],北京:气象出版社,2006.

Analysis of Heavy Precipitation Characteristics in Shanghai

GU Zhongliang

(*Songjiang Meteorological Office of Shanghai*, *Shanghai*　201620)

Abstract

This article analyzes the characteristics of heavy precipitation of 1 h, 3 h, 6 h, 12 h and 24 h in Shanghai by using J file data, i. e. the high temporal resolution precipitation data of 11 national stations in Shanghai from 2006 to 2012, and results indicate that 1 h heavy precipitation is obviously much more in urban areas and suburbs than in outer suburbs. The analysis of relationship between annual precipitation and heavy precipitation shows there is a significant positive correlation between the occurrence number of 1 h $\geqslant$ 20 mm and annual precipitation when the precipitation $\geqslant$ 1100 mm in that year, but the correlation is insignificant when the precipitation < 1100 mm. Further analysis demonstrates that there is a significant exponential relationship between numbers of heavy precipitation each station in each period and precipitation amounts. The annual occurrence of heavy precipitation declines significantly with the increase of precipitation amounts.

2012 年上海地区空气质量综述

甄新蓉　许建明　张国琏

（上海市城市环境气象中心　上海　200135）

提　要

应用基于可吸入颗粒物（PM_{10}）、二氧化硫（SO_2）和二氧化氮（NO_2）3 种污染物浓度的空气污染指数（API）数据，分析了 2012 年上海空气污染的总体状况，结果表明：自 2001 年以来，2012 年上海的空气质量最好，优良率最高，PM_{10}、SO_2 和 NO_2 的年平均浓度最低（分别为 0.071 mg/m³、0.023 mg/m³、0.046 mg/m³）。在此基础上，本文结合大气环流背景、近地面天气状况和风向、风速等气象要素分析发现：(1) 地面天气形势对污染事件影响显著，2012 年影响空气污染的主要地面天气形势为：高压前、弱高压、冷空气、弱低压和低压底部；(2) 地面风向、风速等气象条件决定大气扩散能力，当气压梯度小、风力较弱时，大气扩散能力差，不利于污染物的扩散，容易形成空气污染事件。

关键词　空气污染　气象条件　统计分析

0　引　言

随着社会经济的快速发展，大气污染已成为影响我国城市环境质量、居民健康和可持续发展的重要问题。美国《Environmental Science & Technology》的一份流行病学调研报告[1]称，长期暴露于细颗粒物与肺癌、心血管疾病有统计意义上的关联，细颗粒物每增加 10 μg/m³，肺癌与心血管疾病总死亡率增加 4%。从 20 世纪 80 年代以来，我国就开始了城市空气污染问题及气象条件与城市空气污染关系的研究[2~13]。城市空气质量主要取决于两个方面：一是污染源的排放及分布状况，二是大气对污染物的扩散能力。后者主要与大气边界层的风、稳定度、降水等气象要素密切相关，有研究指出，城市空气质量与能见度、风速和气压呈反相关，与大气稳定能量呈正相关。上海市是特大型城市，空气污染历来倍受关注。2006 年开始上海市城市环境气象中心和上海市环境监测中心就合作开展了相关方面的研究，并运用天气学原理和方法对影响上海市的地面天气类型进行判定、分类，并归纳总结不同地面天气类型及其气象条件对上海市的空气质量变化的影响[14]。

本文在收集、整理了 2001—2012 年上海地区 3 种空气污染物（PM_{10}、SO_2、NO_2）资料的基础上，统计分析了 2012 年上海地区空气质量状况，并与前 11 年的状况进行比较。然

资助项目：上海市气象局局立项目（MS201212）。

作者简介：甄新蓉（1978—），女，新疆人，工程师，主要从事城市气象环境业务工作等有关领域的研究。

后从天气学的角度出发,探讨出现空气污染日的地面天气类型,还从风速、风向和逆温等方面分析 2012 年空气污染的成因,同时也关注了北方沙尘大规模暴发并南下对上海空气质量造成的影响。3 种空气污染物日平均浓度资料来源于上海市环境监测中心的 10 个自动监测点(其中 1 个点为对比点),其中 7 个监测点分布在市区,3 个位于市区的边缘,其监测资料对上海地区空气状况具有一定的代表性。

1　2012 年上海空气污染状况分析

1.1　2001—2012 年上海地区空气质量的年平均变化情况

表 1 反映了 2001—2012 年期间上海地区 3 种污染物(PM_{10}、SO_2、NO_2)每年出现的污染天数及优良率。12 年间 PM_{10} 污染天数在 2002 年达到了峰值(84 天),之后大多维持在 40 天左右,2009 年首次进入 30 天以内,2012 年仅有 23 天。SO_2 的污染天数一直维持在 10 天以内,2009 年之后未出现过污染。NO_2 的污染天数除 2004 年出现 11 天外,其他年份也维持在 10 天以内,2006 年开始维持在 5 天以内,2012 年未出现污染。

表 1　2001—2012 年上海 3 种污染物的污染天数和优良率(%)

年份	PM_{10}		SO_2		NO_2	
	污染天数	优良率(%)	污染天数	优良率(%)	污染天数	优良率(%)
2001	56	84.7	0	100.0	7	98.1
2002	84	77.0	0	100.0	1	99.7
2003	41	88.8	3	99.2	7	98.1
2004	58	84.2	1	99.7	11	97.0
2005	41	88.8	3	99.2	6	98.4
2006	40	89.0	6	98.4	2	99.5
2007	36	90.1	6	98.4	3	99.2
2008	37	89.9	2	99.5	3	99.2
2009	31	91.5	0	100.0	0	100.0
2010	29	92.1	0	100.0	5	98.6
2011	28	92.4	0	100.0	2	99.5
2012	23	93.7	0	100.0	0	100.0

(1)可吸入颗粒物(PM_{10})

图 1a 显示了 2001—2012 年上海地区 PM_{10} 年平均浓度的变化,以及其最大值、最小值和 75、25 百分位数及中位数的变化。从图中可以看出,PM_{10} 的年平均浓度最大值出现在 2002 年,为 0.109 mg/m³,之后有一个稳中有降的趋势,2012 年达到 12 年来的最低值(0.071 mg/m³);从中位数的变化情况来看,2002 年、2003 年达到了 10 年中的峰值(0.086 mg/m³),2010 年的中位数也是 10 年来的最低值(0.062 mg/m³),2011 年略微上升,为次低值(0.064 mg/m³)。2012 年出现的污染天数为 12 年来最少,仅 23 天。另外,从各年度 PM_{10} 平均浓度和中位数的比较中也不难发现,平均浓度值总是高于中位数值,这也可以反映一个现象,即上海地区空气质量低于平均浓度值的出现频率是较高的。

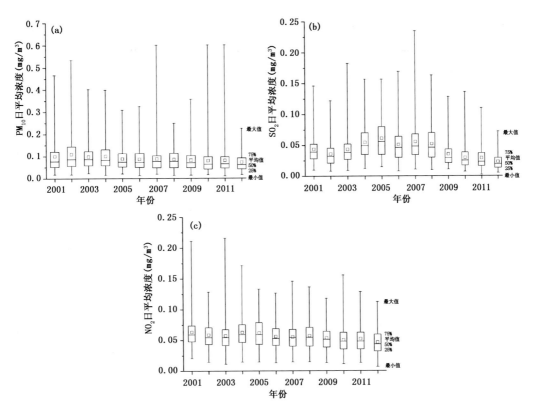

图 1   2001—2012 年上海地区空气质量年变化情况 (a)PM$_{10}$，(b)SO$_2$，(c)NO$_2$
（图中自下而上依次为空气污染物浓度的最小值、25%、50%、75%和最大值，□代表平均值）

（2）二氧化硫（SO$_2$）

图 1b 显示了 2001—2012 年上海地区 SO$_2$ 浓度的年变化。从图中可以看出，SO$_2$ 浓度的变化在经历了 2003—2008 年的上升过程以后，2009 年开始又回到较低水平，2012 年达到近年来的最低值（0.023 mg/m^3）。

（3）二氧化氮（NO$_2$）

从 2001—2012 年上海地区 NO$_2$ 浓度的年变化图（图 1c）中可以看出，NO$_2$ 在 2004—2005 年出现了一个小高峰（峰值达到 0.063 mg/m^3），之后 3 年上海地区的 NO$_2$ 浓度略有下降。

1.2   2012 年上海地区空气质量状况

（1）可吸入颗粒物（PM$_{10}$）

2012 年上海地区 PM$_{10}$ 达到优等级的有 151 天（占 41.3%），达到良等级的为 192 天（占 52.5%），优、良等级天数共 342 天（占 93.7%）。轻度污染为 23 天（占 6.3%），全年没有发生中度污染及以上的天数。全年中 6—8 月空气质量最好，期间仅有 6 月 9 日一天为轻度污染，其余天数均处于优、良等级。5、11、12 月各出现了 4 个污染日；3 月出现了 3 个污染日；4、9、10 月各出现了 2 个污染日；1 月也出现了 1 个污染日。优等级天数最少的是 3、4 月，只有 6 天，其次是 10 月，只有 8 天。污染指数最高的为 137，出现在 12 月 4 日；而最低值出现在 11 月 22 日，PM$_{10}$ 指数为 16。

表 2   2012 年上海地区 PM₁₀逐月各级污染指数出现概率(%)

API	1	2	3	4	5	6	7	8	9	10	11	12	年平均
≤50	32.3	44.8	19.4	20.0	38.7	70.0	51.6	77.4	53.3	25.8	33.3	29.0	41.3
51～100	64.5	55.2	71.0	73.3	48.4	26.7	48.4	22.6	40.0	67.7	53.3	58.1	52.5
101～200	3.2	0.0	9.7	6.7	12.9	3.3	0.0	0.0	6.7	6.5	13.3	12.9	6.3
≥201	0.0	0.0	0.0	0.0	0.0	0.0	0.0	0.0	0.0	0.0	0.0	0.0	0.0

（2）二氧化硫（SO_2）

2012 年没有出现 SO_2 污染。SO_2 指数达到优等级的天数共有 350 天(占 95.6％)。从各月情况看，4—8 月和 10 月 SO_2 指数均全部达到优等级，SO_2 指数等级为良的主要在冬季 11 月至翌年 1 月份，每月 3～5 天不等(表 3)。一年中 SO_2 最低值有 2 天，分别为 8 月 4 日和 9 日，API 只有 5；而最高值出现在 2 月 9 日和 12 月 9 日，API 为 61。

表 3   2012 年上海地区 SO_2 逐月各级污染指数出现概率(%)

API	1	2	3	4	5	6	7	8	9	10	11	12	年平均
≤50	90.3	96.6	93.5	100	100	100	100	100	96.7	100	83.3	87.1	95.6
51～100	9.7	3.4	6.5	0.0	0.0	0.0	0.0	0.0	3.3	0.0	16.7	12.9	4.4

（3）二氧化氮（NO_2）

2012 年上海地区未出现 NO_2 污染。NO_2 指数达到优等级的天数共有 351 天(占 95.9％)。从各月的情况看，NO_2 指数在 1、2、4、6—8、10 月均全部达到优等级(表 4)，11 月有 7 天在良等级。一年中 NO_2 指数最低值出现在 8 月 9 日台风"海葵"影响上海期间，API 仅为 4；而最高值出现在 3 月 28 日，API 为 90。

表 4   2012 年上海地区逐月各级 NO_2 指数出现概率(%)

API	1	2	3	4	5	6	7	8	9	10	11	12	年平均
≤50	100	100	90.3	100	93.5	100	100	100	96.7	100	76.7	93.5	95.9
51～100	0.0	0.0	9.7	0.0	6.5	0.0	0.0	0.0	3.3	0.0	23.3	6.5	4.1

2   2012 年污染日的气象条件分析

2.1   污染日的大气环流背景

2012 年空气质量达到污染日的有 23 天，这 23 个污染日中首要污染物均为 PM₁₀，对应的主要地面天气形势有 5 种类型，分别为高压前(5 天)、弱高压(12 天)、弱低压(1 天)、低压底部(1 天)、冷空气(4 天)等(表 5)，天气形势的分类参见文献[15]。

表 5   2012 年各天气类型下出现的污染日及对应的 API 值

天气类型	出现日期(API 指数)
高压前	3 月 7 日(116)、3 月 24 日(113)、5 月 16 日(106)、12 月 5 日(110)、12 月 9 日(104)
弱高压	3 月 28 日(107)、4 月 1 日(113)、5 月 4 日(130)、5 月 6 日(125)、5 月 7 日(130)、9 月 19 日(113)、9 月 20 日(102)、11 月 1 日(105)、11 月 7 日(102)、11 月 27 日(102)、11 月 29 日(115)、12 月 4 日(127)
弱低压	6 月 9 日(102)
低压底部	4 月 2 日(126)
冷空气	1 月 11 日(103)、10 月 6 日(115)、10 月 28 日(124)、12 月 8 日(137)

2.2 近地面气象条件

(1)风向、风速

空气质量日报的时间段为前一日 12 时至当日 11 时,为探讨地面风向、风速与空气质量的关系,本文将同一时段宝山站的日平均风向、风速与污染日资料进行综合分析。

从分析结果来看,污染日与地面风向、风速关系密切。根据 2012 年本市 24 个时次的风速资料统计,全年的 23 天污染日中,全天以静风(风速<0.3 m/s)为主的有 1 天(11 月 7 日),平均风速为 1 级风(风速 0.3~1.5 m/s)的有 16 天,5 天为 2 级风,1 天为 3 级风(4 月 2 日)。主导风向为西北风时出现的污染日最多,为 4 天,其次是主导风向为东北东风和偏西风的污染日,均为 3 天(图 2)。地面气压梯度小的时候,风力较弱,大气一般比较静稳,人类活动产生的污染物无法扩散而逐渐聚集,容易形成污染。

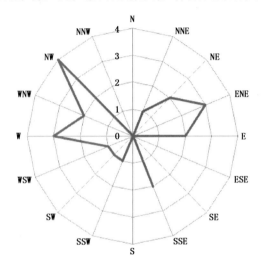

图 2　2012 年出现空气污染日时的风向玫瑰图

(2)接地或近地逆温层

根据上海市宝山站的探空资料显示(表 6),对应的 23 个污染日的时段内,08 时出现 16 次接地(近地)逆温,平均逆温强度达到了 1.03℃/100 m;20 时出现 10 次接地(近地)逆温,平均逆温强度为 0.53℃/100 m。这说明近地层出现逆温层时,垂直方向上大气层结稳定,逆温层内的大气垂直运动很难发展,人类活动排放的污染物被抑制在城市冠层内,不易扩散和迁移,逐渐积聚而浓度增大,从而形成了污染天气。

但各天气类型下的逆温情况又有所不同,当上海处于弱高压、弱低压、低压底部这几种天气类型控制下的时候,天气形势比较稳定,容易出现接地逆温(等温)层,其中,当上海处于弱高压控制,早晨的逆温最强,平均强度达到了 1.60℃/100 m,最强达到了 3.75℃/100 m(11 月 1 日)。究其原因,当天气比较稳定时,地面的辐射降温在夜晚比较明显,清晨达到最强,因此容易形成浅层强逆温。由于 07—09 时恰逢上海的交通早高峰,污染排放显著增加。二者的共同作用容易诱发空气污染,此外,由于辐射降温增加了空气中的水汽,容易出现低能见度霾天气。

而冷空气过境时的 4 个污染日中 08 时和 20 时均仅出现浅层逆温(厚度为 200 m)。

究其原因,冷空气过境不属于静稳天气,但是当冷空气南下时,一般风力较大且高空盛行西北气流,如果上游出现污染,则可能随冷空气移到本地。另一方面,由于大气的斜压性,冷空气过境时空气上暖下冷,存在锋面逆温,对污染物垂直方向上的扩散有着明显的抑制作用,有利于污染形成,1月10日的低空逆温就是典型的锋面逆温。

表6   2012年各天气类型下污染日的逆温情况

天气类型	高压前	弱高压	弱低压	低压底部	冷空气	合计
08时逆温(次)	2	11	1	1	1	16
平均强度(℃/100 m)	0.64	1.6	1.2	0.44	0.38	1.03
20时逆温(次)	1	6	1	1	1	10
平均强度(℃/100 m)	0.2	0.65	1.5	0.44	0.38	0.53

3   结论与讨论

(1)2012年上海的空气质量为自2001年有记录以来最好。

(2)PM_{10}依然是上海最主要的污染物;全年中6—8月空气质量较好,秋、冬季节偏差,这与大气环流密切相关。

(3)空气污染日与地面天气形势类型关系密切,容易诱发空气污染的地面天气形势主要为:高压前、弱高压、冷空气、弱低压和低压底部。

(4)地面风向、风速等气象条件决定了大气扩散能力,当气压梯度小、风力弱时,大气稳定,有利于形成逆温,不利于污染物的扩散,容易形成污染事件。

参考文献

[1] 江英译.肺癌与长期暴露于细颗粒物有关联[J].中国环境科学,2002,**4**(22):292.

[2] 戴安国,杨大业.重庆城市SO_2污染与气象条件的关系[J].重庆环境科学,1992,**14**(4):6-10.

[3] 杨德保,王式功,黄建国.兰州市区空气污染与气象条件的关系[J].兰州大学学报(自然科学版),1994,**30**(1):132-136.

[4] 尚可政,王式功,杨德保等.兰州冬季空气污染与地面气象要素的关系[J].甘肃科学学报,1999,**11**(1):1-5.

[5] 孟燕军,王淑英,赵习方.北京地区大雾日大气污染状况及气象条件分析[J].气象,2000,**26**(3):40-43.

[6] 赵庆云,张武,王式功.空气污染与能见度及环流特征的研究[J].高原气象,2003,**22**(4):393-396.

[7] 徐祥德,丁国安,苗秋菊等.北京地区气溶胶$PM_{2.5}$粒子浓度的相关因子及其估算模型[J].气象学报,2003,**61**(6):761-768.

[8] 尚可政,达存莹,付有智等.兰州城区稳定能量及其空气污染的关系[J].高原气象,2001,**20**(1):76-81.

[9] 孙银川,缪启龙,李艳春等.银川市空气质量动力预测系统及预测结果分析[J].干旱气象,2006,**24**(2):89-94.

[10] 苏福庆,任阵海,高庆先. 北京及华北平原边界层大气中污染物的汇聚系统——边界层输送汇[J]. 环境科学研究,2004,**17**(1):21-25.

[11] 任阵海,苏福庆,高庆先. 边界层内大气排放物形成重污染背景解析[J]. 大气科学,2005,**29**(1):57-63.

[12] 周亚军,熊亚丽,肖伟军等. 广州空气污染指数特征及其与地面气压型的关系[J]. 热带气象学报,2005,**21**(1):93-99.

[13] 王宏,林长城,蔡义勇等. 福州市空气质量状况时空变化及其与天气系统关系[J]. 气象科技,2008,**36**(4):480-484.

[14] 张国琏,甄新蓉,谈建国等. 影响上海市空气质量的地面天气类型及气象要素分析[J]. 热带气象学报,2010,**26**(1):638-643.

[15] 甄新蓉,陈镭,毛卓成等. 2011年上海地区空气污染气象条件分析[J]. 大气科学研究与应用,2012,**42**:51-59.

Analysis of Shanghai Air Quality in Year 2012

ZHEN Xinrong　　XU Jianming　　ZHANG Guolian

(*Shanghai Center for Urban Environment Meteorology*, *Shanghai*　200135)

Abstract

Based on the averaged daily concentration data of PM_{10}, NO_2 and SO_2 in 2012 issued by the Shanghai Environmental Bureau, the Shanghai air quality of 2012 has been analyzed in detail. Results showed that air quality of Shanghai in 2012 is clearly good compared with that since 2011, demonstrated by the highest excellent and good rates and the lowest annual concentration of PM_{10}, NO_2 and SO_2. The synoptic condition of air pollution has also been investigated, indicating that the air pollution events have been significantly affected by surface synoptic patterns, most importantly, depicted of in-front-of high pressure, weak high pressure, cold air, weak low pressure and the bottom of low pressure. Furthermore, weak atmospheric dispersion due to low wind and inversion played very important role in the occurrence of air pollution especially during morning period.

2012 年 7 月 6 日上海强对流天气过程的
气象服务浅析

王秋云　　俞晓东

（上海市公共气象服务中心　上海　200030）

提　要

本文对 2012 年 7 月 6 日上海一次强对流天气过程的气象服务工作进行了初步分析,指出此次天气服务的特点:(1)服务策划例会制度体现了气象决策服务的主动性;(2)极端天气内部通报制度取得较好的服务效果;(3)率先启动气象灾害应急响应;(4)气象服务产品类别多样、针对性强、涉及面广;(5)公众气象服务力度大;(6)积极与部门合作与联动。同时总结了服务过程中成功的经验及存在的一些问题,指出气象服务还须从以下四方面加强和改进:(1)重大气象灾害应急预案体系有待进一步完善;(2)提高短临预报的服务效果;(3) 气象灾害评估体系有待进一步健全;(4)气象灾害防御的部门合作、信息共享联动协调机制有待进一步完善。

关键词　强对流天气　气象服务　部门合作与联动　短临预报

0　引　言

2012 年 7 月 6 日上海出现大范围的雷阵雨天气,并伴有短时强降水,中心城区和部分区县雨量达暴雨,嘉定徐行和青浦青东养老院自动站出现了 9 级雷雨大风,给上海的社会生产和人民生活带来一定影响。此次强对流天气影响过程中,上海市气象局严密监视天气变化,科学预报天气过程,精心开展气象服务,尤其是对强对流天气的强度、持续时间和可能带来的灾害把握度较高,预警信息发布及时,部门联动响应快,对相关部门应对不利天气的建议也比较合理,为市委市政府适时启动应急处置提供了科学依据,使得全市的防灾减灾救灾行动井然有序。此次天气过程的应急气象服务取得了显著成效,也得到了社会各界和广大公众的高度评价。

1　强对流天气基本情况及灾情

1.1　基本天气情况

2012 年 7 月 6 日 08 时 500 hPa 上(图 1),北方有槽东移,不过都以北缩为主,对上海

资助项目:上海市气象局局立项目(MS201207)。

作者简介:王秋云(1986—),女,江苏南京人,硕士,助理工程师,主要从事交通气象数值模拟及气象服务等领域的研究。

基本没有影响。山东东部沿海到湖北北部一线有一高空槽,本市位于槽前西南气流中。副高与前几日相比明显南撤,但华东中南部受副高588 dagpm线控制,上海仍处在副高北缘,天气炎热;700 hPa和850 hPa低涡中心已东移到渤海湾,切变线主要位于江苏北部—安徽北部一线,低空急流向北延伸到江苏中北部沿海,850 hPa显著湿区主要位于华东中部和浙江、福建沿海地区。上海市主要受西南气流控制,水汽和热力条件较好;08时地面高压中心位于巴尔喀什湖北侧和日本东南部洋面上,低压中心分别位于甘肃南部和韩国附近,静止锋位于江淮一带[1~3]。

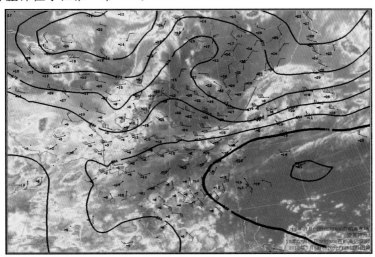

图1   2012年7月6日08时卫星云图叠加500 hPa位势高度场、高空站500 hPa气温(℃)和水平风矢(黑线为位势高度等值线,间隔4 dagpm,风羽短(长)划为2(4)m/s)

在这样的环流形势下,2012年7月6日白天上海升温明显,徐家汇观测站最高气温达到38℃,午后到夜间受强对流云团影响,上海出现大范围的雷阵雨天气。从7月6日08时至7日07时,雨量最大的为奉贤四团中学99.6 mm,闵行浦江92.3 mm次之,中心城区最大为上海植物园78.1 mm(徐家汇55.9 mm),具体见表1和表2。

表1   2012年7月6日08时—7月7日07时国家自动站累积雨量情况(单位:mm)

站名	崇明	嘉定	宝山	青浦	徐家汇	浦东	闵行	松江	奉贤	金山	小洋山
雨量	10.7	22.4	22.9	42.7	55.9	25.0	49.8	72.9	22.0	0.0	0.0

表2   2012年7月6日08时—7月7日07时上海区域自动站累积雨量情况(单位:mm)

站名	奉贤四团中学	闵行浦江	松江工业区	浦东济阳公园	奉贤泰日	东方体育中心	闵行曹家港	奉贤奉城	上海植物园	奉贤青村	松江车墩
雨量	99.6	92.3	86.4	83.1	82.9	80.9	79.8	78.8	78.1	77.9	77.1

1.2 灾情

此次强对流过程具有突发性强、天气剧烈、破坏力大等特点,给上海的交通、电力及人们生产生活等造成较大影响,上海市区和各区县都出现了不同程度的灾情。据统计,此次强对流天气造成上海3000多棵树木被大风吹倒,电线杆倒下达200多根,雨棚、招牌、广告牌、铁皮、瓦片、装饰板、彩钢板、玻璃窗等坠落事故达几万起,将近400户屋顶被吹掀,几十户房屋被吹倒,约200多处变压器着火。由于暴雨,大约几百户房屋漏水,3000多户居民家中积水。100多条道路出现积水,致使路过的车辆在积水中抛锚,交通严重堵塞等,但此次强对流天气没有造成人员伤亡。

2 强对流天气的气象服务情况

2.1 前期气象服务准备

2012年7月初,上海市气象局根据上海中心气象台对环流形势进行的初步分析,于7月3日向市上海市委市政府呈送《重要气象信息市领导专报》,提出:7月4日起本市将有5天左右的晴热天气,极端最高气温可达38℃左右。出梅后由于气温高,大气中不稳定能量积聚,局部地区易产生午后强对流天气,预报未来数日可能出现强对流天气。

2.2 强对流天气服务情况

7月6日早晨上海市气象局组织了服务策划例会,针对午后可能出现的强对流天气对本市造成的影响,决策首席服务官从决策服务、公众服务、服务会商、响应状态、现场观测、应急状态等方面进行了初步策划。

上海中心气象台通过对南汇WSR-88D多普勒雷达回波图的监测分析,发现7月6日12时左右江苏南通等地开始有回波生成,且迅速发展,逐渐形成一条云带,向我市北部的崇明靠近(图2),随即于12时07分发布极端天气内部通报,向上海市气象局、防汛办、水利部门等相关单位提前通报:受较强的降水云团影响,未来6小时内本市将发生雷雨大风等强对流天气[4]。

应用NoCAWS(由上海市气象局自主研制的短时/临近预报预警系统V1.0)的实时监测产品发现2012年7月6日14时22分,发展旺盛的对流云团即将移至上海(图3),受其影响本地自北向南将出现较大范围对流天气,局部地区还将出现短时强降水和雷雨大风[5],上海市公共气象服务中心于7月6日14时50分启动二级应急响应;上海市气象局再次发布《重要气象信息市领导专报》和相应专题,向市委市政府等各相关单位通报未来几小时强对流天气的发展趋势。

之后随着强对流云团的东移南压,上海中心气象台先后发布雷电黄色预警信号、暴雨黄色预警信号、大风黄色预警信号,伴随着雷达回波的逐渐加强,还先后将雷电黄色预警信号更新为雷电橙色预警信号、暴雨黄色预警信号更新为暴雨橙色预警信号,期间还多次向市领导、相关部门和有关行业发送实况通报短信,有利于各部门、行业采取最适当最及时的防灾、减灾措施。

在发布各类预警、专报和专题后,上海市公共气象服务中心还通过传真、早通气短信、电话沟通等方式及时联系上海市防汛指挥部、市应急办、市联动中心、市建交委、太湖防总、上海铁路局、上海海事局、民航华东地区管理局、东海渔政、市电力公司、市农委、市教委、市民防办、市绿化局、市房管局、市交通港口局、太湖流域管理局、市民政局、市旅游局、市新闻办、市消防局等多个城市运行联动部门,直接通报实况、说明未来趋势并了解相关回馈信息[6]。

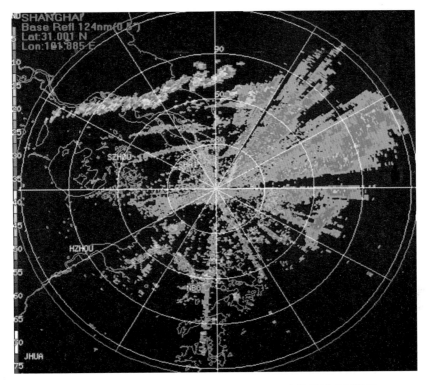

图2 2012年7月6日12时南汇WSR-88D多普勒雷达回波图

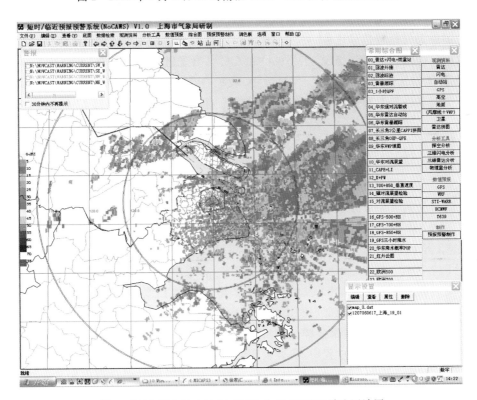

图3 2012年7月6日14时22分NoCAWS雷达回波图

2.3　后续天气服务情况

在解除各预警之后,上海市气象局立即向上海市委、市政府及相关部门呈送《重要气象信息市领导专报》及相关专题,汇报最新雨情;并积极展开灾情的收集、分类和整理工作,对较为严重的灾情向中国气象局上报;通过电视、网络、广播等各种手段告知公众此次强对流天气的最新情况及后期天气趋势。

3　强对流天气的气象服务特点

3.1　服务策划例会制度体现了气象决策服务的主动性

2012年汛期起,上海市气象局制定了每日气象服务策划例会制度,即在每天全国会商之后在决策首席服务官的主持下,上海市气象局各业务部门值班人员针对当天或近期可能出现的重大天气,以会商形式讨论天气服务方案,提前制作出应对预案,并指出各相关部门的关注重点。7月6日早晨的服务策划例会上首席服务官针对当日可能出现的强对流天气指出:要密切关注当天的雷电、大风、降水等强对流的情况,保持与决策部门、联动部门的联系;密切关注温度上升情况,及时预警;加强内部极端天气通报和强对流的预警;网站、影视密切关注气温及降水过程;做好媒体对后期降水特点的宣传引导等,这体现了决策服务的主动性[7]。

3.2　极端天气内部通报制度取得较好的服务效果

夏天上海发生的强对流天气,一般具有突发性强、发展快、持续时间短、影响大等特点,为了更好地做好强对流天气服务,上海市气象局制定了极端天气内部通报制度,即在发布灾害性天气预警信号之前,提前向气象局内部人员和相关联动单位早通气,提早告知短时间内可能出现的天气情况,相关单位和人员可事先做出应对措施。

2012年7月6日的强对流天气过程中,我们在14:50时发布雷电黄色预警信号,而在12:07时就已经发布极端天气内部通报,通报对象包括气象局内部人员、防汛办、民防办、建交委、交通港口局等,告知他们未来几小时将会发生强对流天气,应提前做好防范。正是因为极端天气内部通报制度的实行,各相关联动单位得以提前做出应对措施,大大减小了此次强对流天气造成的损失。

3.3　率先启动气象灾害应急响应

上海市公共气象服务中心根据对强对流天气的实时监测和对未来趋势的预测,于7月6日14时50分启动气象灾害二级应急响应。按照上海市气象局重大气象灾害应急预案的要求,全面进入应急响应状态,第一时间敲响了防灾减灾的警钟,还从以下几个方面强化了应急响应工作:一是业务人员加强值守,对强对流天气加密观测;二是多次开展天气会商和服务策划会议;三是及时公布强对流实况,加强滚动预报,加强多渠道信息发布;四是及时向局领导、职能部门和市领导报告最新的应急响应工作情况[8]。

3.4　气象服务产品类别多样、针对性强、涉及面广

此次强对流天气影响过程中,我们发布的气象服务产品类别多样,针对不同对象有不同的服务材料。上海市气象局不仅向市委市政府发布《重要气象信息市领导专报》,向联动部门发布专题报告,还以《天气情况通报》形式向相关部门发送实时天气信息,向气象局内部人员发布《重要气象信息内参》,发布天气预警后还向市领导等呈送《气象灾害预警服

务快报》及时通报预警发布情况和最新天气服务讯息,还向中国气象局提供了服务材料和最新灾情[9]。

服务产品内容涉及:实时天气监测讯息、未来天气趋势预报信息、天气背景和机理分析、强对流天气的成因及与历史的比较、上海气象灾情信息,以及针对强对流天气可能对交通、农业、电力、城市、人民生活带来的影响提出建议与对策等。

3.5　公众气象服务力度大

此次强对流天气的公众服务力度大、手段多样:多次通过传真、电视、东方明珠移动电视、微博、手机智能终端 APP(爱天气,WiSH)等多种渠道向社会公众发布最新天气相关信息及防御指引;网站及时报道、更新各类新闻信息、气象实况类信息;声讯电话承担专家、热线、信箱、用户短信服务;首席服务官接受了上海电视台新闻坊、移动电视、新华社等媒体记者关于此次强对流天气动态的采访,并通过与交通电台、东广电台的连线来滚动播报最新实况及最新预报[10]。

3.6　积极与部门合作和联动

为了更好地为交通、电力、农业、民政等部门提供个性化的专业专项服务,2012 年 7 月 6 日上午,上海市气象局与上海市应急办、市防汛办、市民政厅、市农业厅、市公安交警总队、市电力公司等单位举行了强对流天气的视频联合会商,主动了解他们的服务需求,征求气象服务意见,更好地开展针对性服务。强对流天气发生后更是加强了防汛、交通、电力等方面的专题气象服务,为了使受灾情影响严重的部门及时掌握最新天气动态,此次强对流过程中多次向防汛办、公安交警总队、市电力公司等相关部门提供专题气象服务材料,及时将强对流天气实况、天气灾害评估、后期预报及调度建议等发给相关部门的调度人员。期间还多次通过气象短信在第一时间向各行业和部门决策领导发布实时天气信息,为全市防灾减灾提供了准确、及时、周到的服务,最大限度地避免了人员伤亡和财产损失[11]。

4　气象服务中的一些思考

4.1　重大气象灾害应急预案体系有待进一步完善

目前的重大气象灾害应急预案尚属部门预案,对协调气象部门的应急工作起到了十分重要的作用[12],但这对全社会防灾减灾工作既没有约束力,也不可能为方方面面应急工作考虑周全。同时也亟须分灾种建立应急预案,细化应急响应措施,提高气象应急管理水平。

4.2　如何在短临预报中提高服务效果

强对流天气发生突然、天气剧烈、破坏力大,常伴有雷雨大风、冰雹及局部强降雨等强烈对流性灾害天气,一般具有时间短、空间尺度小、突发性强的特点[13]。且人们特别关注当前时段强对流天气影响的程度、可能持续的时间,这就需要提高短时临近预报的服务水平。而现有的气象监测范围、精度、时空分辨率等方面尚不能满足这方面的需求,并且目前在天气服务中,一般都是依靠雷达等传统方法外推,服务过程中也没有特别成熟的流程。所以想要提高强对流天气的服务效果,就仍须在监测手段的多样化、服务人员在短临预报分析技术上进一步加强[14]。

4.3　气象灾害评估体系有待进一步健全

气象灾害评估方法和标准的研究及业务系统建设还不完善;灾害风险普查和区划工作亟待加强;灾情核定还没有建立一套科学的评估方法。

4.4　气象灾害防御的部门合作、信息共享联动协调机制有待进一步完善

气象部门与相关部门虽然初步建立了联动协调机制,但涉及面还不够广,合作和信息共享的程度还不够深,特别是预警信息发布后的社会联动、部门协调配合和有效应对防范还有待进一步完善[15]。

参考文献

[1]　陈永林,杨引明,曹晓岗等.上海"0185"特大暴雨的中尺度强对流系统活动特征及其环流背景的分析研究[J].应用气象学报,2007,**18**(1):29-37.

[2]　杨露华,尹红萍,王慧等.近10年上海地区强对流天气的特征统计分析[J].大气科学研究与应用,2007,**33**:84-91.

[3]　尹红萍,曹晓岗.盛夏上海地区副热带高压型强对流特点分析[J].气象,2010,**36**(8):19-25.

[4]　杨露华,尹红萍,叶其欣等.多普勒天气雷达资料在上海地区夏季暴雨预报中的应用[J].大气科学研究与应用,2004,**26**:71-77.

[5]　漆梁波,陈雷.上海局地强对流天气及临近预报要点[J].气象,2009,**35**(9):11-18.

[6]　杨育强,王晓云,薛允传等.2008年青岛奥帆赛及残奥帆赛精细化气象服务综述[J].气象,2008,**34**(专刊):3-8.

[7]　姚鸣明,王秀荣.2008年雨雪冰冻引发的决策气象服务探讨[J].防灾科技学院学报,2008,**10**(2):72-76.

[8]　李学举.灾害应急管理[M].北京:中国社会出版社,2005:63-70.

[9]　韩颖,蒲希.中国的气象服务及其效益评估[J].气象科学,2010,**30**(3):420-426.

[10]　杨新,白光弼,胡小宁等.陕西气象服务标准化建设与管理[J].陕西气象,2013(3):48-50.

[11]　刘敏,黄焕寅,张海燕等.湖北省2008年初低温雨雪冰冻灾害气象预报服务总结和反思[J].暴雨灾害,2008,**27**(2):172-176.

[12]　韩颖,岳贤平,崔维军.气象灾害应急管理能力评价[J].气象科技,2011,**39**(2):242-246.

[13]　李海燕,施望芝,陈光涛.2008年6月黄冈一次强对流天气过程诊断分析[J].暴雨灾害,2010,**29**(1):65-70.

[14]　陈朝晖,李春梅,姜翠文等.湖南浏阳"5.13"大暴雨过程气象服务案例分析[J].安徽农业科学,2011,**39**(9):5508-5509.

[15]　王友贺.河南省级决策气象服务工作浅析[J].决策探索,2013(3):42-45.

Analysis of the Meteorological Service of a Severe Convective Weather Process Occurring on July 6, 2012 in Shanghai

WANG Qiuyun   YU Xiaodong

(*Shanghai Public Meteorological Service Center, Shanghai   200030*)

Abstract

The meteorological service of a severe convective weather process occurring on July 6, 2012 in Shanghai was analyzed preliminarily. The service characteristics were summarized as follows. (1) Service-planning meeting system reflected the initiative of the decision-making meteorological service. (2) Internal reporting system to extreme weather achieved good service effect. (3) The emergency response to meteorological disaster was launched inventively. (4) Service products were various and targeted. And the range of the service materials involving was wide. (5) The potency dimension of public meteorological service was aggressive. (6) Department cooperation and linkage were active. In this paper the successful experience and the problems during the service were both analyzed. It was concluded that the meteorological service should be enhanced and improved from the following aspects: (1) Emergency-planning system to major meteorological disasters could be further improved. (2) The effect of short-term forecast services need to be improved. (3) The assessment system of meteorological disasters remained to be further strengthened. (4) The department cooperation of meteorological disaster prevention and information sharing-joint coordination mechanism need to be further perfected.

2012 年春季奉贤一次大雾过程分析

过霁冰[1]　徐　杰[2]　郭品强[1]

(1 上海市奉贤区气象局　上海　201416；2 上海海洋气象台　上海　201300)

提　要

利用常规气象观测资料、上海市自动站资料及 NCEP 1°×1°再分析资料,从大尺度天气背景、气象要素及各物理量等方面,详细分析了 2012 年 4 月 19 日早晨上海市东南部沿海地区出现的一次雾天气过程的性质及形成原因。结果表明:此次雾过程是一次锋面雾;前期高空弱脊有利于高层下沉运动,地面倒槽东移,低层有弱的辐合上升运动,两者结合有利于近地层水汽的积累,有助于低空稳定层结的建立,为这次浓雾的形成提供有利的环流形势;地面冷却降温,以及中低层暖平流作用,促使多层逆温存在,为雾的形成提供有利的层结条件;前期降水、锋前近地层偏东风场为雾的形成提供了丰富的水汽条件;当气温偏低,相对湿度偏高,气温、露点和地面温度三者接近时,更易形成能见度偏低的大雾天气。

关键词　锋面雾　水汽积累　逆温

0　引　言

雾是大气边界层的一种水汽凝结现象,是悬浮于近地面层的大量水滴或冰晶使水平能见度< 1 km 的一种天气现象,当水平能见度在 50~200 m 时称为浓雾[1],雾会严重影响交通、航空、海运及人们户外活动,在能见度小于 50 m 时,还可能导致严重的航空、海运和交通等灾难性事故。大雾通常是在稳定的天气背景下形成的,具有较强的地域性特征,近年来,有许多学者从雾的气候特征、成雾天气的环流形势及相关物理量场等进行分析[2~4],为局地雾预报服务提供了依据。王丽荣等[5]指出,与稳定度有关的物理量场的变化对雾的形成有一定的指示意义。张新荣等[6]对 2004 年我国东部一场罕见的浓雾过程进行分析,指出雾在大气低层暖平流、大气层结相对稳定和充沛的水汽条件下产生。王玮等[7]还对我国中部的一次大范围持续性雾天气进行了诊断分析,指出边界层在低层辐合上升和高层辐散下沉的界面中形成逆温层,是浓雾产生的重要因素。何立富等[8]对华北平原一次大雾过程的热力和动力结构特征进行深入分析,揭示了大雾形成及长时间维持的原因,指出中低空存在的下沉气流有助于低层逆温层结的建立和维持,低层暖平流的输入和边界层的浅层抬升有利于大雾的长时间维持。

资助项目:上海市奉贤区气象局局立项目(FX201301)。

作者简介:过霁冰(1985—),女,江苏无锡人,硕士,助理工程师,主要从事气象观测、预报及服务工作等有关领域的研究。E-mail:guo_jibing@hotmail.com。

　　每年春秋季节是上海市雾频发的时期，奉贤位于上海南部沿海郊区，雾发生的次数大于上海内陆地区。本文主要从预报的角度出发，利用常规观测资料、上海市自动气象站资料和 NCEP 再分析资料等，针对 2012 年 4 月 19 日早晨发生在上海市东南部沿海地区的一次大雾过程，从环流背景场、气象要素及相关物理量场等方面，分析雾的形成和维持的原因，为雾的预报提供参考。

1　大雾天气概述

　　2012 年 4 月 19 日凌晨，上海市出现了一次低能见度天气过程，其中，上海市西北部主要以轻雾为主，东南沿海地区以雾天气为主，奉贤区受其影响，出现了能见度小于 500 m 的大雾。这次雾从 19 日凌晨开始，持续到 19 日上午 09 时左右，来势突然，能见度较差，奉贤气象台于 19 日 05 时 40 分发布了大雾黄色预警信号。图 1a 给出了 19 日 06 时 08 分上海各自动气象站实测能见度情况，可以从图中看出，上海东南部沿海地区（包括奉贤、南汇、浦东）能见度普遍较差，大部分站点能见度在 1000 m 以下，奉贤地区能见度已在 500 m 以下，此时也正是奉贤区能见度最差的时候。08 时 26 分大雾基本消散，从图 1b 可以看到，各自动气象站能见度均有一定好转，但是大部分站点仍然有轻雾，能见度普遍在 5 km 以下。

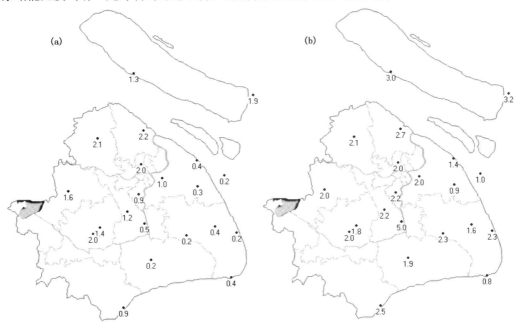

图 1　2012 年 4 月 19 日上海各自动气象站瞬时能见度（单位：km）

(a)06 时 08 分；(b)08 时 26 分

2　形成雾的环流形势背景

2.1　前期天气

上海市东南部这次大雾天气过程与对流层高空和地面环流形势演变特征密切相关。

在 18 日后期,受高空槽影响,上海市全市各自动气象站均出现了降水(图2),降水在 19 日 00 时前停止。雾是近地面空气层中水汽凝结现象,低空充沛的水汽是形成雾的重要因子[5]。降水过程为大雾的发生提供了丰富的水汽,降水停止后,近地层空气湿度较大,虽然雨后有冷空气南下,但冷空气不强,湿度下降不大,大气一直保持高湿的状态,从 NCEP 资料分析场上看,19 日 02 时上海全市地面相对湿度仍在 95% 以上(图 2b),这也是后期形成大雾的一个重要的环境条件。

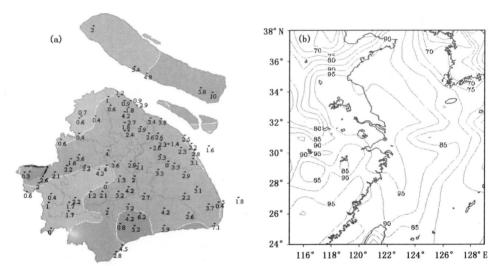

图 2　(a)2012 年 4 月 19 日 08 时上海自动气象站 24 h 降水量(单位:mm);
(b)2012 年 4 月 19 日 02 时近地面相对湿度分布(单位:%)
(根据美国 NCEP 再分析资料绘制)

2.2　高低空环流形势

从 18 日 08 时 500 hPa 高度场(图 3a)可以看到,对流层中高层在中低纬度 110°E 附近有低槽携带冷空气东移南下,上海市处于槽前弱脊控制,不利于高纬度地区的西北气流大举南下。18 日 20 时,中纬度低槽东移至 118°E 附近,上海市处于槽前西南暖湿气流控制(图 3b),受其影响,上海市大部分地区出现了弱降水,但从地面图上看(图略),冷空气前锋并未逼近上海。在这种环流背景下,前期的高空弱脊有利于高层下沉运动,有效抑制了上升运动发展,层结稳定,有利于雾的形成和发展。

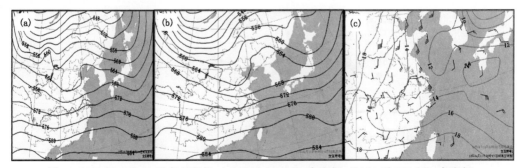

图 3　2012 年 4 月 18 日高空形势:(a)08 时 500 hPa 高度场;(b)20 时 500 hPa 高度场;
(c)20 时 925 hPa 温度场及风场(高度场单位:dagpm;温度单位:℃;风矢图表示)

在18日20时925 hPa上(图3c)，上海处于入海高压后部，吹东南风，有利于海上的暖湿气流向内陆输送，且结合温度场可以看到，925 hPa上有暖平流存在，有利于低层逆温的形成和维持，这种下部冷、上部暖的结构使得层结更加稳定，对于雾天气的维持具有重要作用。

2.3　地面天气形势

由19日05时地面图(图4a)分析可知，上海处于高压底部，近地面以东到东南风为主，有利于海上的暖湿气流吹向陆地，为大雾的形成提供充沛的水汽条件。且从图中可以看到，上海北部有地面倒槽配合，有弱的辐合上升作用，从散度场上看，上海全市低空1000 hPa和925 hPa均为弱辐合区(图略)，这种浅层抬升作用可将近地层的水汽向上输送，使湿层达到一定厚度，有利于雾向上发展。

图4b～4d分别是04、07、09时上海市各自动站相对湿度和风场分布图，通过分析此图，可将此次雾过程定性为锋面雾过程。图中已用粗线标出了锋面的大概位置，锋面自西北向东南缓慢移动，锋前以东南风为主，锋后以西北风为主，锋面附近均出现不同程度低

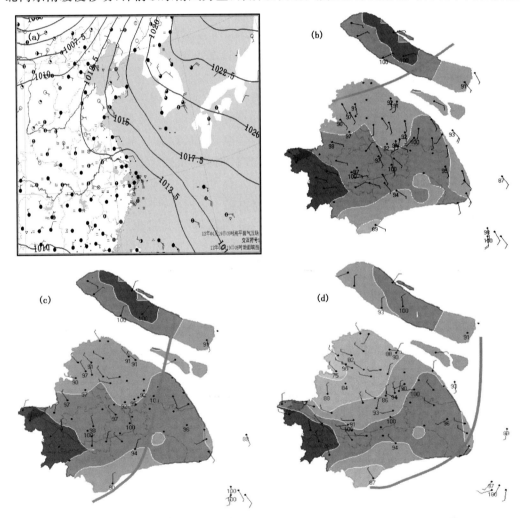

图4　2012年4月19日地面天气形势：(a)05时地面图；19日上海市自动站相对湿度和风场分布：(b)04时，(c)07时，(d)09时(粗线为冷锋，自动站的数字为相对湿度(％))

能见度天气,上海市西北部主要出现轻雾天气,东南沿海地区以雾天气为主(图1a)。由图4c可见,07时左右锋面经过奉贤地区,此时为奉贤能见度最差的时段。

从图4c上可以看出,相对湿度高值区分布在上海市中部和东南部沿海一带,其值可达95%以上,湿度条件非常好,高湿区的范围与图1a中能见度小于1000 m的大雾区域分布较一致。

3　雾成因分析

3.1　雾过程气象要素分析

从上海市奉贤气象台能见度仪记录的能见度数据演变情况来看(图5),能见度在19日02时开始急剧下降,04时后已降至1 km以下,其后能见度继续下降,在07时达到最低,随后能见度开始转好,在09时以后回升至1 km以上,雾开始消散。然而能见度仪采集的数据与目测记录存在一定的差异,前者比后者略偏小,但是两者演变趋势基本一致。目测到19日05时以后能见度低于1 km,雾形成,而且能见度继续快速下降,雾愈来愈浓,到19日06时以后,能见度达到最差,出现能见度小于500 m的浓雾,雾持续了3 h多,在08时30分左右开始消散,逐渐转为轻雾。

雾发展期间,气温、露点、地面温度(以下简称地温)的变化显示,19日01时以后三者均有所下降(图5a),并且逐渐接近,由图中可以看出,19日05—07时,能见度均在500 m以下,是奉贤地区能见度最差的时段,该时段内气温、露点、地温三者也最接近,均在15℃左右。气温和地温接近时存在冷却降温过程,气温和露点接近时说明空气接近饱和,相对湿度明显增大,此时最易出现低能见度。从图5b看到,雾发生前至发生时,奉贤位于弱冷锋前部,风向以东南风为主,该风向将海上的水汽输送至内陆,使得低层湿度增加,利于雾的进一步发展;从19日02时开始,随着风速的逐渐减小,能见度也在持续降低,19日06时,出现了静风的情况,从图4c也可看出此时正是锋面经过奉贤的时段,此后能见度也随之达到最低,说明风速的减小,建立了一个相对稳定的大气环境,有利于雾的发生和发展;19日08时,风向转为西北风,从图4d可以看出,09时锋面已经移过奉贤,奉贤处于锋后西北气流控制中,风速开始增大,同时气温及地温也逐步上升,露点开始下降,能见度逐渐上升。在整个雾发生过程中,奉贤地区都以东南风为主,风向转为西北风以后,雾开始消散,这种风向从东南转为西北的变化,正是锋面过境的一个特征。

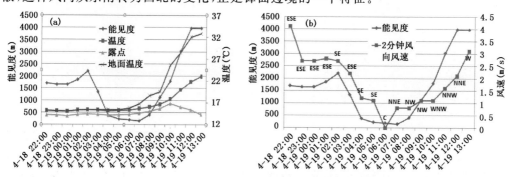

图5　2012年4月18日22时至19日13时(a)能见度、气温、露点、地温和(b)能见度、风向风速的变化

由图 1a 可以发现,本次雾天气过程中,上海市西北部地区主要以轻雾为主,能见度在 1~10 km,而东南沿海地区则以雾天气为主,能见度普遍小于 1 km,奉贤地区最低能见度更是达到了 500 m 以下。为了分析产生这种能见度地域性差异的原因,选取了上海市 8 个自动站(其中奉贤、南汇、浦东新区、金山位于上海南部和东部沿海,徐家汇、青浦位于上海中部,嘉定、宝山位于上海北部),对各自动站能见度达到最低时段时的气温、气温露点差、地温气温差进行分析。图 6 中横轴各自动站的顺序按照能见度从低到高进行排列,东南沿海各站最低能见度均小于 1 km,中部及北部各站最低能见度则在 1 km 以上。通过分析图 6 可发现,东南沿海各站气温明显低于中部和北部各站,由上海市自动站 05 时温度实况水平分布(图略)也可发现,温度低值区主要分布于东南部沿海一带,在 15.4 ℃左右,其中奉贤地区温度为 15.2 ℃,而上海市中北部地区温度相对较高,在 16 ℃左右,且温度低值区与图 1a 中所示大雾区较一致。由图 6 还可发现,奉贤与南汇的气温露点差和地温气温差同时都偏小,且都小于 1 ℃,其他各站并不能同时满足这两个值较小的条件,而这次雾过程中,奉贤和南汇的能见度最差,说明当气温露点差和地温气温差同时都较小,即气温、露点和地温三者越接近时,能见度才会越差。

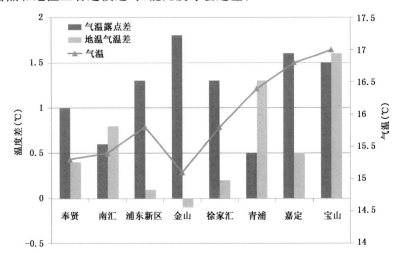

图 6　上海市各区县低能见度时气温、气温露点差及气温地温差

3.2　垂直速度及层结条件分析

19 日 06 时沿 30.5°N 垂直速度剖面图上(图 7a),奉贤地区(121.3°E 附近)850 hPa 及以上均为下沉气流,这与之前分析的高空弱脊有利于高层下沉运动发展相对应,而 850 hPa 以下则为弱的上升气流。可见雾发生时,近地面层有弱的辐合上升及湍流作用,可将近地层的水汽向上输送,使湿层达到一定厚度,有利于雾向上发展;同时对流层中高层的下沉运动阻止了低层水汽向高层输送。这样的结构一方面有利于近地层水汽的积累,另一方面,下沉增温作用有助于低空稳定层结的建立,两者均有利于雾的形成和维持。

雾主要发生在近地层,与低空层结关系密切。由于奉贤本站缺少探空资料,因此,通过分析这次同样发生雾天气的南汇的 T-$\log P$ 图(图 7b)发现,19 日 02 时,即雾开始前,850 hPa 以下存在明显的两个逆温层(图 7b 放大图),在 1000 hPa 附近存在贴地逆温,另外在 925 hPa 至 850 hPa 之间存在另一个低空逆温。从前面的气象要素分析可知,雾发生前,地温有一个冷却降温的过程,这是近地面逆温产生的原因,而对流层中高层的下沉增温作用,以及 925 hPa 存在的暖平流作用,又促使低空逆温的产生。近地面逆温和低空逆温的同时存在,为雾的形成提供了层结稳定条件。近地面逆温有利于近地层稳定度增大和水汽积累,低空逆温又为低空形成"暖盖",使得下层水汽积聚,促使低层空气饱和成雾。从探空曲线上还可以看出(图 7b),700 hPa 以下温度和露点十分接近,尤其在 850 hPa 至 700 hPa 之间和近地面两者几乎重合,空气趋于饱和,说明此高度范围内湿度很大,大气中低层整层湿度大,这又是锋面雾的另一个特征,与辐射雾"上干下湿"的特征有明显的差异。

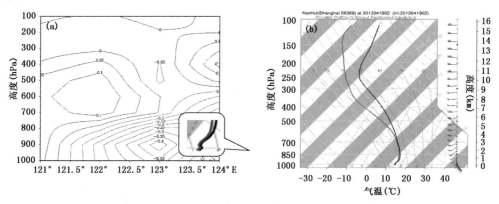

图 7 　(a)NCEP 资料 2012 年 4 月 19 日 06 时沿 30.5°N 垂直速度剖面图(奉贤在 121.3°E 附近)
(单位:Pa/s);(b) 19 日 02 时南汇 T-logP 图(02 时 WRF-9 km 模式的初始场)

4　小　结

通过本次春季一次大雾过程的分析,初步得到以下结论:

(1)本次大雾过程是一次锋面雾,锋面自西北向东南移动,锋前以东南风为主,锋后以西北风为主,锋面附近均出现不同程度低能见度天气,其中上海西北部主要以轻雾为主,东南沿海地区以雾天气为主。锋面经过奉贤地区时,奉贤产生了能见度小于 500 m 的浓雾。

(2)前期高空弱脊有利于高空下沉运动,有效抑制上升运动的发展;地面倒槽东移,低层有弱的辐合上升气流将近地层的水汽向上输送,使湿层达到一定厚度;同时对流层中高层的下沉气流阻止了低层水汽向高层输送。这样的结构一方面有利于近地层水汽的积累,另一方面,下沉增温作用有助于低空稳定层结的建立,两者均有利于雾的形成和维持。

(3)地面冷却降温,以及中低层暖平流作用,使得近地层逆温和低空逆温同时存在,大气层结稳定,为雾的形成提供有利的稳定层结条件。

(4)前期降水条件和锋前近地层偏东风为雾的形成提供了丰富的水汽条件,大气中低层整层湿度大,而低空"暖盖"的存在,使得低层水汽积聚,促使低层空气饱和成雾。

(5)本次雾过程中,上海市相对湿度高值区及气温低值区均出现在东南沿海地区,与大雾区域分布较一致,而且气温、露点、地温三者接近时,更易出现低能见度天气,说明对气温、地温和湿度的预报可以有效地指导能见度的预报。

参考文献

［1］ 顾钧禧，章基嘉，巢纪平等. 大气科学词典［M］. 北京：气象出版社，1994.

［2］ 周淑贞. 上海城区雾的形成和特征［J］. 应用气象学报，1991，**2**(2)：140-146.

［3］ 黄培强，王伟民，魏阳春. 芜湖地区持续性大雾的特征研究［J］. 气象科学，2000，**20**(4)：494-502.

［4］ 于润玲，穆海振. 上海雾的气候变化特征及城市化对雾影响的初步研究［J］. 大气科学研究与应用，2009，**36**：27-37.

［5］ 王丽荣，连志鸾. 河北省中南部一次大雾天气过程分析［J］. 气象，2005，**31**(4)：65-68.

［6］ 张新荣，刘治国，杨建才. 中国东部一场罕见的大雾天气成因分析［J］. 干旱气象，2006，**24**(3)：47-51.

［7］ 王玮，黄玉芳，孔凡忠等. 中国东部一场持续性大雾的诊断分析［J］. 气象，2009，**35**(9)：84-90.

［8］ 何立富，李峰，李泽椿. 华北平原一次持续性大雾过程的动力和热力特征［J］. 应用气象学报，2006，**17**(2)：160-168.

Analysis of an Advection Fog Event over Fengxian in Spring of 2012

GUO Jibing[1]　　*XU Jie*[2]　　*GUO Pinqiang*[1]

(1 *Fengxian District Meteorological Office*, *Shanghai*　201416；

2 *Shanghai Marine Meteorological Center*, *Shanghai*　201300)

Abstract

By using routine observation, automatic weather station information in Shanghai and NCEP $1° \times 1°$ re-analysis data, the process and causes for a fog event occurring over Shanghai southeast coastal areas on 19 April 2012 were analyzed from large-scale weather background, meteorological factors and various physical quantities. The results showed that this fog event was a frontal fog. A weak high ridge existed at the high level, and the weak convergence at the low level. The combination of these two motions was conducive to the accumulation of water vapor near the ground and the establishment of stable stratification at the low level and provided a favorable circulation situation for the formation of fog. The ground temperature decreased and the warm advection at the middle-low level led to the multi-layer inversion, and provided favorable stratification for the formation of fog. The presence of precedent precipitation and easterly winds near the ground ahead of the front provided a rich moisture condition for the formation of fog. The lower temperature, higher relative humidity as well as the approaches of temperature, dew point and surface temperature could easily form low visibility fog.

基于飞信技术开发的天气监测预警平台

沈 伟 吴 杰 王文清 丘文先 赵燕华 张 莹

(江苏省宿迁市气象局 宿迁 223800)

提 要

本文以宿迁及周边市县自动气象站实测资料为基础,在计算机程序控制下完成降水、气温、风速、能见度等气象要素的实时入库、监控和分析,并应用飞信短信群发功能,实现以短信方式发送重要天气实况,并据此开发了一款面向基层预报工作人员的预警平台。平台能够对关键区域内的重要天气进行全天候跟踪预警,有效地避免短时、临近预报或灾害性天气预警信号的漏报、漏发,在一定程度上提高工作效率和业务质量。

关键词 飞信 自动气象站资料 SQL 数据库

0 引 言

宿迁市位于江苏省北部,与徐州、淮安和连云港相邻,按中国气候区划,宿迁属暖温带鲁淮气候区,在全球气候变暖和极端天气气候事件增多的背景下[1~3],宿迁地区气象灾害种类多且频发,如暴雨、大风、雷暴、台风、高温、冰雹等,特别是夏季的强对流天气及春、秋季的雾霾天气一直是预报的难题。日常工作中,特别是短时临近预报业务,预报员需要时刻关注上游邻近地区的天气实况,如高空槽形势下,预报员须关注上游徐州的天气,东北冷涡形势下,还须关注连云港的天气,而在热带气旋系统影响下,更多关注淮安的天气。

随着气象观测现代化建设的进一步开展,宿迁及周边市县已建成了一个高时空密度的自动气象监测站网。为了做好本地区及周边地区(淮安、徐州和连云港)的降水、气温、雷电、能见度等各要素的监测和预警,提高预报服务的时效性及效率,开发了基于飞信技术的天气监测预警业务平台。

1 总体设计构思

本平台的使用对象主要为天气预报员,它能够不间断地将实时天气资料进行入库和监控,并以短信的方式提醒用户,确保预报员能够及时掌握上游地区(淮安、徐州和连云港)天气情况,从而提高本地预报服务的时效;对于本地局地性的天气,平台则起到监控和

资助项目:宿迁市气象局局立项目(SQ201107)。

作者简介:沈伟(1985—),男,江苏泗洪人,工程师,主要从事短时预报和气象服务领域的研究。

及时报警的功能。

1.1　平台开发环境

本平台的操作系统为 Windows 2003/Windows XP/Windows 7,具有可移植性。在设计过程中,使用 Visual Basic 6.0 及 VBA 进行编程,采用 SQL Server 2000 作为后台数据库,并通过"飞信机器人"实现短信的群发。飞信是中国移动推出的综合通信服务业务,可以实现互联网和多种网间的无缝通信服务,具有稳定安全特性,可以通过计算机免费发送短信到指定的手机上。

1.2　系统功能设计

本系统主要由 3 个功能模块组成:①数据实时入库模块;②系统配置模块;③天气信息发送模块。功能结构如图 1 所示。

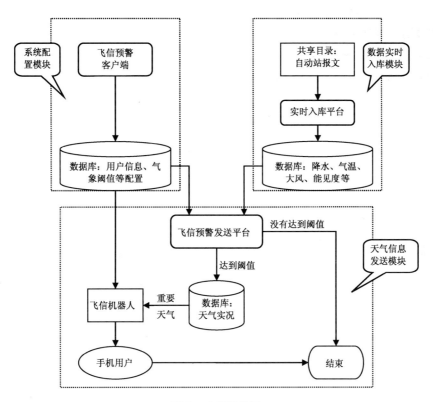

图 1　功能结构图

(1)数据实时入库模块。资料获取:江苏省气象局开放的内网共享目录,提供了全省自动站 10 min 报文的汇总。该模块实时扫描并读取宿迁及周边市县的气象自动站 10 min 报文,按照固定格式,采集各个气象要素的数据,最终形成降水、气温、大风、能见度等多个气象要素的数据表。

(2)系统配置模块。此模块为人机交互模块,在此模块中,预报人员可以设置或添加相关用户,也可以根据需要,选择预警项目,设置气象阈值。

(3)天气信息发送模块。此模块为该系统的核心模块,它具有对各类气象数据的跟踪、分析和处理的功能,对超过阈值的气象要素进行入库,实现了由气象要素数据向天气实况数据的转换,并将分析结果(即预警信息和过去 24 h 的天气实况信息)发送至指定用户的手机上。

2 关键技术

2.1 数据库结构设计

如表 1 所示,本系统涉及 13 个数据表,其中前 11 项分别为降水、气温、风等气象要素数据表,闪电数据为闪电定位仪数据,而能见度仅为基本站观测数据,第 12 项"Configure"代表配置选项,最后一项"Warning"代表达到阈值的天气实况数据。

气象要素数据表的结构以 10 min 降水量"R10 m"表为例,如表 2 所示,表列数分别代表时间和宿迁及周边市的自动站名,对于缺测的站点数据均以"9999"标示。

配置数据表"Configure"见表 3,第一列为"启动"列,当"启动"值为"1",表示开启服务,反之"启动"值为"9999"表示关闭服务,第 2~8 列分别表示值班员及其他预报服务人员的手机号码,当数值为"9999",表示取消该用户的短信服务,第 9~20 列为各个气象要素(如 10 min 降水、1 h 降水、……、24 h 降水、大风、最高和最低气温等)的阈值,当数值为"9999"时,表示取消该项要素的报警。

表 1　数据表

编号	表名	说明	入库说明
1	R10 m	10 min 降水量	10 min 入库一次
2	R1 h	1 h 降水量	整点入库
3	R3 h	3 h 降水量	整点入库
4	R6 h	6 h 降水量	整点入库
5	R12 h	12 h 降水量	整点入库
6	R24 h	24 h 降水量	整点入库
7	Tmax	极端最高气温	10 min 入库一次
8	Tmin	极端最低气温	10 min 入库一次
9	Windspeed	瞬时极大风速	10 min 入库一次
10	Lightning	闪电数据	10 min 入库一次
11	Visibility	能见度	10 min 入库一次
12	Configure	配置(用户信息、气象阈值)	修改配置入库
13	Warning	天气实况报警	实时分析入库

表 2　10 min 降水量"R10 m"表结构(单位:mm)

列名	时间	T58131	T58130	……	Tm6201	Tm3093	……
格式	Char	decimal	decimal	……	decimal	decimal	……
数据	2012—07—07 10:00	0	28.3	……	7.1	9999	……
	2012—07—07 10:10	0	1.3	……	10.3	9999	……
	2012—07—07 10:20	1.7	0	……	22	9999	……
	2012—07—07 10:30	4.8	0	……	24.7	9999	……
	2012—07—07 10:40	8.1	0	……	25.9	9999	……
	2012—07—07 10:50	3.9	0	……	26.8	9999	……

天气实况的数据表"Warning"见表 4，第 1 列为"要素"列，代表报警的要素，其次为"时间"列、"站号"列和"量值"列，分别代表超过该要素阈值的时间、站点及量值，最后一列为"备注"列，对于已经发布的站点赋值"1"，没有发布的赋值"0"，用来控制同一个站点的重复发送。

表 3 配置"Configure"表结构

列名	启动	值班员	……	R10 m	R1 h	……	Windspeed	Tmax	……
格式	Char	Char	……	decimal	decimal	……	decimal	decimal	……
量值	1	159xxx	……	9999	20	……	10.8	32	……

表 4 天气实况预警"Warning"表结构（降水量：mm，风速：m/s，最高温度：℃）

列名	要素	时间	站号	量值	备注
格式	CHAR	Char	CHAR	decimal	Char
报警	R1 h	2012—07—07 10:00	T58130	20.7	1
	R10 m	2012—07—07 10:10	Tm6201	10.3	0

2.2 使用 ADO 访问数据库，实现入库及分析

在 VB 中，利用 ADO 访问数据库主要有两种形式[4]：ADO Data 控件和 ADO 对象。本文中主要利用 ADO 对象（ADODB），添加 ADO 对象的引用选择"工程"菜单，再点击"引用"菜单项，在弹出的"引用"对话框的"可用的引用"列表框中选择"Microsoft ActiveX Objects 2.6 Library"复选框，最后单击"确定"按钮。即可完成对 ADO 对象的引入。

为了能够在程序中使用 ADO 对象，如 Connection、Recordset 等对象，需要先进行声明，并设置好连接串"Connection String"的内容，采用 SQLOLEDB.1 查询引擎设置用户名、密码及服务器地址，连接到 SQL 数据库，并通过 SQL 语句实现对数据库的查询、插入及修改。

3 平台的简介

与其功能模块相对应，本系统由 3 个平台构成，即实时入库平台，飞信预警客户端平台及飞信预警发送平台，其中，实时入库平台和飞信预警发送平台在服务器的后台运行，主要实现实时入库、数据监控分析和飞信预警发送功能，而飞信预警客户端为前台控制平台，用于修改"Configure"配置表，间接控制飞信预警发送平台的运行。

3.1 实时入库平台

10 min 降水量、最高、最低气温、极大风速、能见度和闪电数据每 10 min 入库，1 h、3 h、6 h、12 h 及 24 h 降水量为整点入库，缺测数据均以"9999"表示。

3.2 飞信预警客户端平台

登录界面略。目前开放的客户端用户主要为天气预报员，值班人员有权限更改相关配置。平台界面如图 2 所示，预报员通过平台连接数据库"Configure"表，对该配置表各项进行修改，飞信预警发送平台会实时监控配置表，并据此开启或关闭各项服务。如图 2b 所示，预报员登录平台后，平台默认值班员为必选用户，并将值班员的手机号码加载至

数据库"Configure"配置表中,同时也可以添加和修改用户或用户群;图2c所示为预警项目及阈值的设置,以降水为例,用户可根据需要设定10 min、1 h、3 h、6 h、12 h、24 h雨量的阈值,并写入"Configure"配置表相应列;如图2d所示,平台为预报员可以向相关用户发送即时消息或通知。

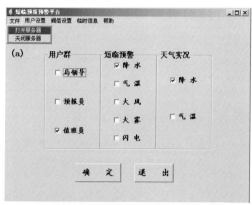
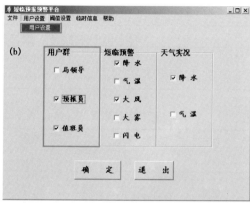
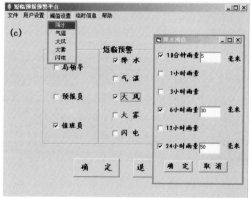
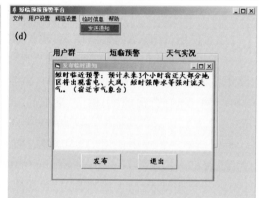

图2　飞信预警客户端平台界面

3.3　飞信预警发送平台

飞信预警发送平台为后台运行程序,该平台定时读取"Configure"配置表的相关配置,并据此判断是否关闭服务,是否监控和分析选定气象要素,是否发送短信等。短信内容简练且完整,包括出现某天气现象或者超过某项要素阈值的站点,以及强度最强的站点及其强度。

下面以2012年7月7日的强对流天气为例进行说明,天气形势为副高边缘型,高空有冷空气扩散,从预报的角度来看,午后极容易产生短时强降水、大风等强对流天气。值班人员按照本地预报流程,登录飞信预警客户端平台,设置10 min降水阈值为10 mm、1 h降水阈值20 mm,以及大风阈值为6级。由于本次过程为副高边缘和高层冷空气扩散,所以预报员主要关注的上游区域为徐州一带。至10时睢宁及南苑、庆安水库等自动站出现短时强降水,且超过所设阈值,立即触发"飞信机器人"软件,并发送预警短信,内容为:7日10时睢宁、南苑、庆安水库、梁集镇1 h降水超过20 mm,其中最大为庆安水库:38.9 mm;随着雨带东移,至10时10分宿迁西部的黄墩10 min雨量10.3 mm。再次发送短信,内容为:7日10时10分宿迁黄墩10 min雨量为10.3 mm。以10 min雨量的预警为例,运行流程如图3所示。

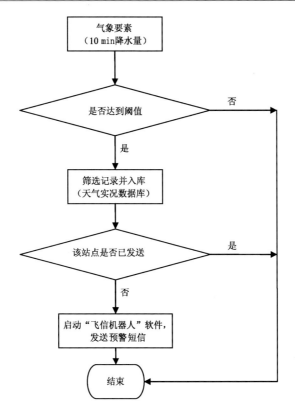

图3 飞信预警发送平台运行流程

4 总 结

天气监测预警平台系基于 VB+SQL 2000 技术,并采用"飞信机器人"软件实现对本地及周边自动实时监控预警功能,通过短信的方式对值班人员进行提醒,确保对灾害性天气的全天候跟踪预警,避免对短时、临近预报和灾害性天气预警信号的漏报、漏发,减少或避免业务错情的发生,有效提高工作效率和业务质量。

该系统目前只对实况资料进行预警,对于本地生成的灾害性天气的服务仍存在一定漏洞,下一步将从预报的角度结合天气雷达产品,总结本地的灾害性天气指标,对可能产生的灾害性天气进行入库、分析和预警,从而提高预报服务的时效性。

参考文献

[1] 严中伟,杨赤.近几十年中国极端气候变化格局[J].气候与环境研究,2000,5(3):267-272.
[2] 江志红,丁裕国,陈威霖.21世纪中国极端降水事件预估[J].气候变化研究进展,2007,3(4):202-207.
[3] 杨金虎,江志红,王鹏祥等.中国年极端降水事件的时空分布特征[J].气候与环境研究,2008,13(1):75-83.
[4] 唐胜来.利用 ADO 管理 SQL Server 数据库及其设备的关键技术[J].福建电脑,2009,5(2):166-167.

Development of Weather Monitoring and Warning System Based on Fetion Technology

SHEN Wei　　WU Jie　　WANG Wenqing　　QIU Wenxian
ZHAO Yanhua　　ZHAN Ying

(*Suqian Meteorological Bureau of Jiangsu Province*, Suqian　223800)

Abstract

Based on automation weather station (AWS) data of Suqian and its surrounding areas, a severe weather warning operational system for weather forecaster was designed. Thus with computer technology, such observational data as precipitation, temperature, wind speed, visibility, etc. are being watched, and analyzed and alarmed by sending weather information via Fetion to the weather forecaster. The system ensure the all-weather tracking in the short-time forecast so as to avoid weather warning signal omission or leakage, and effectively improve the business efficiency and service quality.

自动土壤水分观测数据异常原因分析

巫丽君[1]　　潘建梅[2]　　魏爱明[2]　　王秀琴[1]

(1 镇江市丹徒区气象局　镇江　212009；2 镇江市气象局　镇江　212003)

提　要

本文通过介绍 DZN1 型自动土壤水分观测仪在使用中出现的异常数据难发现及故障难排查的解决方法，可以切实提高自动土壤水分观测数据的准确率。文中详细说明多种数据异常的现象，分析造成数据异常的原因，找出解决问题的方法。并结合实际工作，提出自动土壤水分观测仪在使用中需注意的事项。

关键词　自动土壤水分观测　数据异常　分析

0　引　言

DZN1 型自动土壤水分观测仪是一种利用频域反射(FDR)原理来测定土壤体积含水量的自动化测量仪器，可以方便、快速地在同一地点进行不同层次土壤水分观测，获取具有代表性、准确性和可比较性的土壤水分连续观测资料[1]，提高观测数据的时空密度，为干旱监测、农业气象预报服务和相关研究提供高质量的土壤水分监测资料[1,2]。对利用频域反射(FDR)原理来测定土壤含水量，许多专家[4~6]做了大量的研究，这些研究都已取得明显成果，并在土壤水分测定工作中应用。2009 年以来，江苏省共建设了 52 个 DZN1 型自动土壤水分观测站，2012 年又新增 31 个，上海、山东、吉林等省市也都在安装使用，至 2012 年年底全国气象部门约有 500 多套 DZN1 型自动土壤水分观测站投入应用。如何保证这些仪器设备的正常运转，获取准确可用的土壤水分资料，是观测人员目前所面临的问题，在日常工作中不能仅仅只是检查场地和仪器的运行情况，以及数据是否完整，还需要观测人员认真分析所采集数据的合理性，对有异常的数据，及时查找原因，尽快处理，这样才能保证所采集的数据准确可用。但在以前的工作中，许多观测员都感到，有些数据的异常情况比较难发现，或仪器故障难排查，因此深入分析一些常见的数据异常情况、造成的原因以及所需采取的措施，对提高广大观测人员的数据判断能力有一定的帮助。

本文使用的资料来源于江苏省自动土壤水分监测系统中丹徒区气象局、句容市气象局、泗阳县气象局 2010—2012 年 0~10 cm、10~20 cm、20~30 cm、30~40 cm、40~50

作者简介：巫丽君(1972—)，女，江苏句容人，工程师，主要从事农业气象观测和服务领域的研究。

E-mail：281691249@qq.com。

cm、50～60 cm、70～80 cm、90～100 cm 共 8 层土壤相对湿度和体积含水率。采用的方法是:同层次土壤水分数值进行对比,以及分析该层次数值的变化同临近层次土壤水分数值的变化趋势情况,并结合降水、气温、蒸发、土壤质地、地面覆盖物等要素综合判断所测土壤水分数值是否合理。

1 土壤水分传感器

DZN1 型自动土壤水分观测仪采用 SWS－406 土壤水分传感器,该传感器应用 FDR 原理,即利用电磁脉冲原理,根据电磁波在土壤中传播的频率来测试土壤的介电常数,从而得到土壤体积含水量[3]。SWS－406 土壤水分传感器长期埋设在地下不同深度,可直接测量所处深度的土壤体积含水量,它由高频发射器、接收器、微处理、探针等组成,高频发射器、接收器、微处理密封在 Φ 40 mm 长 130 mm 的防水室内,4 个长 60 mm 不锈钢探针与之固定相连,不锈钢探针直接插入土壤,传感器尾部的电缆线用于为传感器提供电源及输出模拟信号。其工作原理是:土壤内水分变化导致介电常数变化,土壤的体积含水量与介电常数存在函数关系[3]。它的故障现象是某一层次所有反映土壤水分状况的数据均出现异常,数据异常情况和原因各不相同,下面举例说明。

1.1　土壤水分数据突变

如图 1 所示,2010 年 7 月 9 日某站在出现 0.0 mm 降水的情况下,第 4 层 30～40 cm 土壤相对湿度 17 时、18 时有突升,该层其他反映土壤水分状况的数据也相应发生变化,直到维修时均未能恢复正常。当数据出现异常时,该站及时进行了排查,先通过数据采集器上的显示屏检查采集器中各层土壤观测数据,发现只有 30～40 cm 数据异常,接着检查数据采集器上的通讯电缆,也未发现异常,初步断定故障出现在传感器部分,根据数据变化的情况,分析可能是 30～40 cm 传感器出现了问题,更换了 30～40 cm 传感器后,数据恢复了正常。后经检查分析,造成此现象的原因是传感器的密封防水室内进入了水汽,从而导致该传感器所测数值偏大。

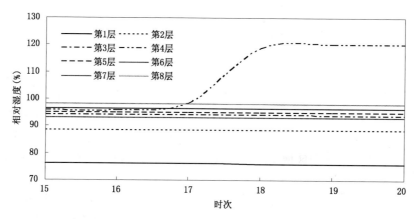

图 1　2010 年 7 月 9 日 15—20 时 1～8 层土壤相对湿度变化图

1.2　土壤水分数据缓慢下降

仪器出现故障,数据发生大的波动时,比较容易发现,如果数据仅是小幅度变化,就比较难及时发现,如表 1 中第 2 层 10～20 cm 体积含水量一直在小幅度的下降,但第 1、3 层 0～10 cm、20～30 cm 几乎不变,这种情况需要将所测数据进行不同层次的变化规律比较,特别是同上下层次之间进行比较,结合实际情况进行分析,才有可能及时发现数据异常。造成此类数据异常的原因有两种情况:(1)传感器本身出现了故障,需要更换;(2)传感器与土壤之间的接触由原来的紧密接触变化为有缝隙,这样就会导致该传感器所测数据逐渐偏小。出现此类情况,可以先采用万用表检查判断是否为传感器故障,然后再采取相应的维修,方法是在采集器中找到相应的传感器,将传感器接线端子中的"＋"脚和"－"脚自采集器接线端子上拧下,用万用表 DC 电压 2V 档测量电缆接线端子"＋"脚和"－"脚之间电压应在 0～1.2V,根据情况判定传感器是否正常。

表 1　2011 年 3 月 2 日土壤体积含水量(％)各层所测数据

时间	第 1 层	第 2 层	第 3 层	第 4 层	第 5 层	第 6 层	第 7 层	第 8 层
2011－3－2 01:00	29.5	32.8	38.8	33.3	36.5	35.5	38.8	35.6
2011－3－2 02:00	29.5	32.7	38.8	33.2	36.5	35.5	38.8	35.6
2011－3－2 03:00	29.5	32.7	38.8	33.2	36.5	35.5	38.8	35.6
2011－3－2 04:00	29.5	32.6	38.8	33.2	36.5	35.5	38.8	35.6
2011－3－2 05:00	29.5	32.5	38.8	33.1	36.5	35.5	38.8	35.6
2011－3－2 06:00	29.5	32.5	38.8	33.1	36.5	35.5	38.8	35.6
2011－3－2 07:00	29.4	32.4	38.8	33.1	36.5	35.5	38.8	35.6

2　土壤水分传感器安装场地

土壤水分传感器需要以平行于地面的方式,安装在观测场的土壤中,因而在位于传感器安装地点 18 cm 处,需要挖长 1.2 m、宽 0.7 m、深 1.2 m 的土坑,传感器安装好后,将挖出来的土按"后出先回填"的原则填回土坑内,并注意将回填的土压实、填平,以恢复土壤的紧密度。

2.1　土壤水分传感器安装区域土回填不符合要求导致数据失真

《自动土壤水分观测规范》规定:在仪器安装完成土壤回填后,第一次大的降水后,应该及时检查土壤水分传感器安装区域,回填土是否发生沉降及沉降的多少,适当给予补充并压实[1]。但有些台站未能很好地完成此项工作,因回填土发生沉降,导致降水后回填区域较低,造成之后出现降水时,雨水从此处渗透,而土壤传感器探针离此区域约在 130 mm 左右,探针处无降水渗透或渗透的偏少,导致所测土壤水分数据失真。

还有些台站整个传感器区域土壤堆得偏高,没有做到和周围齐平,导致降水时雨水很快流出此区域,该区域无降水渗透,或渗透得较少,也影响所测土壤水分数据的准确性。比如某站因传感器区域土壤回填时堆得比周围要高,导致 2011 年 5 月当过程性降水达 20 mm 以上时 8 层土壤水分数据均没有明显变化,而周围台站最浅层的 0～10 cm 土壤水分数据都有明显上升,有些站 10～20 cm 土壤水分数据也发生了较明显的变化。

以上这些情况,观测人员只要在有较强的降水时,到自动土壤水分观测仪传感器安装区域巡视,并注意水的流动情况,就能很快发现存在的问题。

　　刚安装自动土壤水分仪的台站需要注意土壤回填区域平整问题,传感器发生故障挖开土壤维修的台站,在土壤回填后,也同样需要注意这类问题。

　　观测人员在日常工作中应当注意分析本站土壤水分变化情况,了解本站土壤水分变化情况同降水量大小的关系。比如,本站为壤土,通过一年多土壤自动站所测资料的分析,得出当过程性降水达到 5 mm 以上时,0~10 cm 的土壤水分状况才会发生变化,达到 10 mm 以上时,10~20 cm 土壤水分数据才会发生变化,当然因为资料序列较短,这只是一个大概情况,还不能做到定量分析,且各种土壤因质地不同,也会相差较大,这只适用于本站,其他台站还需要观测人员多注意分析土壤水分变化同降水量的关系,这样在仪器维修后,就可以用降水后土壤水分变化情况作为一个参考条件,来判断土壤回填是否符合要求。同时在日常工作中,利用掌握的土壤水分变化同降水量的关系,还可以帮助判断数据是否正常,对及时发现仪器故障也会有很大的帮助。

2.2　某层土壤水分传感器处土层出状况导致数据异常

　　表 2 是本站所测自动土壤相对湿度情况,2012 年 3 月 15 日日降水为 10.8 mm,雨水可以渗透到 10~20 cm 的深度,但表中资料显示,第 2 层 10~20 cm 土壤水分数值变化比第 1 层 0~10 cm 数值还要大,土壤相对湿度很快上升到 100.0%,降水停止几个小时后,土壤相对湿度等土壤水分数据又很快回到正常范围。这种情况主要是由于地下土层发生变化或动物活动,造成该层传感器安装位置的土层由原来的符合要求变为不符合,出现小的空洞,水珠滞留在此处,从而导致数据的异常。挖开土壤,将传感器小心取出,重新换位置安装后,数据即恢复正常。

表 2　2012 年 3 月 15 日土壤相对湿度(%)各层所测数据

时间	第 1 层	第 2 层	第 3 层	第 4 层	第 5 层	第 6 层	第 7 层	第 8 层
2012-3-15 19:00	84.5	87.4	93.7	94.5	91.5	93.2	92.7	100.0
2012-3-15 20:00	86.2	87.4	93.7	94.5	91.5	93.2	92.7	100.0
2012-3-15 21:00	87.6	91.6	95.0	94.5	91.5	93.2	92.7	100.0
2012-3-15 22:00	87.6	100.0	98.3	94.5	91.5	93.2	92.7	100.0
2012-3-15 23:00	87.6	100.0	99.1	94.9	91.5	93.2	92.7	100.0
2012-3-16 01:00	87.6	99.2	99.1	95.3	92.0	93.6	92.7	100.0
2012-3-16 03:00	87.2	93.1	99.1	95.3	92.4	94.0	92.7	100.0
2012-3-16 04:00	86.5	90.8	99.1	95.3	92.4	94.0	92.7	100.0
2012-3-16 05:00	86.5	90.4	99.1	95.3	92.4	94.0	92.7	100.0
2012-3-16 06:00	86.5	90.0	99.1	95.3	92.4	94.0	92.7	100.0
2012-3-16 07:00	86.2	89.6	99.5	95.3	92.4	94.0	92.7	100.0
2012-3-16 08:00	86.2	89.3	99.5	95.3	92.4	94.0	92.7	100.0

3　GPRS 中心站软件

　　中心站软件安装在省气象信息中心,用于基于 GPRS 无线网络台站的数据收集、监控、管理、查询等功能。

3.1 土壤水分数据无法传输到中心站网

自动土壤水分观测仪利用 GPRS 数据传输模块，通过移动或电信的 SIM 卡将数据无线传输到省局中心站的控制计算机中，在使用的过程中，有时会发生某站采集器中数据正常，而中心站网上该站无数据，发生该故障原因主要有以下 3 种：(1)SIM 卡出现了欠费停止传输问题，缴纳费用后即恢复正常；(2)该台站所在地区移动或电信公司设备出现故障，或信号不正常，造成中心站网上该站无数据；(3)无线传输模块故障，此情况须及时进行维修或更换。无线传输模块正常运行时，指示灯为红灯常亮，如果为绿灯，并闪烁，可能是无线网络信号不好，如果指示灯不亮，可能是输入电源有问题，或无线传输模块本身出现故障。

3.2 土壤体积含水量正常但土壤相对湿度异常

自动土壤水分观测仪所测量的数据是体积含水量，相对湿度、重量含水率等其他土壤水分数据，都是利用测量的体积含水量和土壤水文物理常数，经过计算得出。表 3 中 2011 年 6 月 5 日体积含水量正常且未发生变化，但第 1 层 0~10 cm 和第 2 层 10~20 cm 土壤相对湿度 18 时有突变，查看同时期的重量含水量和水分储存量正常，出现这种情况主要是采集器中计算用的田间持水量出现错误，主要是由于维修仪器操作不当或受周围电子干扰等影响，采集器瞬间电流过大产生混乱，从而导致采集器中部分土壤水文物理常数出现错误，并被传输到中心站，解决此类数据异常的方法是：从中心站网软件中将该站正确的土壤水文常数重新发送到采集器中。

表 3　2011 年 6 月 5 日各时次土壤体积含水量(％)与相对湿度(％)对比数据

时间	第 1 层		第 2 层		第 3 层		第 4 层	
	体积含水量	相对湿度	体积含水量	相对湿度	体积含水量	相对湿度	体积含水量	相对湿度
16 时	24.7	55.3	27.3	67.5	26.1	65.5	28	74.4
17 时	24.7	55.3	27.3	67.5	26.1	65.5	28	74.4
18 时	24.7	80.5	27.3	88.5	26.1	65.5	28	74.4
19 时	24.7	80.5	27.3	88.5	26.1	65.5	28	74.4

4　结　语

自动土壤水分观测仪投入实际应用以来，导致数据异常的情况主要有以下 3 种：

(1)土壤水分传感器出现故障，或土壤水分传感器与土壤之间的接触不符合规定要求，会导致该层次数据异常。

(2)土壤水分传感器安装或维修时，土回填不符合要求，从而影响数据的准确性。

(3)GPRS 数据传输模块出现故障，导致数据传输失败。

为了保障自动土壤水分站的正常运行，避免自动土壤水分数据的丢失和异常数据的发生，建议观测人员在日常工作中做到以下几点：

(1)随时注意自动土壤水分数据的变化，结合天气条件，认真检查分析判断数据。检查自动站数据时，要全面检查所有要素的数据，不仅要上下层之间、前后时次之间联系起来检查分析,还要结合当天以及前几天的天气条件,分析数据的变化趋势是否符合天气变化的规律。

(2)做好仪器和场地的日常巡视维护工作。在检查场地时,要注意因雨水的冲刷或动物的活动而造成场地的变化情况,特别是在仪器刚安装或维修过后,下第一场大雨时,一定要及时认真地结合数据的变化,检查场地的回填是否符合要求。

(3)自动土壤水分观测仪的正常电压为 10～15V,在检查实时数据时,需查看网站上显示的电压值是否在正常范围,连续阴雨天更应注意电池的电压情况。

(4)注意检查 SIM 卡的费用情况,避免发生因卡欠费而造成数据传输中断的情况。

参考文献

[1] 江苏省气象局观测与网络处.自动土壤水分观测业务文件汇编[G].2010:1-19.

[2] 朱保美,周清. DZN1 自动土壤水分观测仪及其维护与维修[J].气象水文海洋仪器,2011,28(1) 124-127.

[3] 上海长望气象科技有限公司.DZN1 型自动土壤水分观测仪使用手册[G].2009:2-20.

[4] 高磊,施斌,唐朝生等.温度对 FDR 测量土壤体积含水量的影响[J].冰川冻土,2010:32(5): 964-969.

[5] 吕国华,李子忠,赵炳祥等.频率域反射仪测定土壤含水量的校正与田间验证[J].干旱地区农业研究,2008(4):33-37.

[6] 杨直毅,樊军.TDR 和 FDR 测定黄绵土土壤含水量的标定[J].土壤通报,2009(4):740-742.

Causation Analysis of Exception Data in Automatic Soil Moisture Observations

WU Lijun[1]　　PAN Jianmei[2]　　WEI Aiming[2]　　WANG Xiuqin[1]

(1 Zhenjiang Dantu District Meteorological Office of Jiangsu Province, Zhenjiang 212009;

2 Zhenjiang Meteorological Bureau of Jiangsu Province, Zhenjiang 212003)

Abstract

In this paper, methods on how to solve exception data or fault troubleshooting of the DZN1 automatic soil moisture observation instrument are introduced, which can improve the accuracy of automatic soil moisture observation data effectively. Here we describe a variety of data abnormal phenomena, analyze the data anomalies and find out the way to solve the problems. Combined with practical work, the proposes in using the automatic soil moisture observation instrument are put forward.

闽西北地区一次冰雹大风灾害成因分析

阮锡章[1]　张昌荣[1]　陈延云[2]　朱仕杰[1]　祖基煊[3]

(1 福建省尤溪县气象局　尤溪　365100；2 福建省永安市气象局　永安　366000；
3 福建省建阳雷达站　南平　353000)

提　要

利用常规和非常规测站资料、数值预报产品和多普勒雷达等资料,分析 2012 年 4 月中旬闽西北地区一次冰雹大风暴雨强对流天气过程。结果表明:这次强对流天气过程主要是受西南暖湿气流和冷空气共同影响,午后对流云团发展旺盛,形成局地强劲的下击暴流所致;西南气流和热力对流为大气提供了不稳定能量,地面和低层冷空气入侵引发气块的动力抬升是此次强对流天气的触发机制,而冰雹大风则由多个单体风暴东移造成。

关键词　风雹天气　强对流　单体风暴　下击暴流

0　引　言

冰雹是强对流天气发展到极盛而引发的气象灾害,它具有突发性、区域性和破坏性强等特点。每年 3—4 月和秋末时节是闽西北地区冰雹灾害的多发季节,平均约两年一遇,个别年份可出现 3 次,是福建省多雹地带之一。林新彬等[1,2]对冰雹的天气形势、雷达回波特征进行了大量总结分析,国内外大量学者、专家对强对流引发的下击暴流、冰雹大风灾害进行了研究[3~5];闽西北地区受武夷山、玳瑁山和戴云山脉等复杂地形的阻隔、抬升等作用,强对流天气的发生发展有其特殊性,其移向复杂、预报难度大。本文利用常规资料、地面加密资料、雷达回波和 NCEP 再分析等资料,采用天气动力学诊断方法和中尺度天气分析技术,对 2012 年 4 月中旬闽西北地区一次罕见的冰雹大风天气过程的大尺度环流背景、物理量场进行分析和研究,试图揭示此次强对流天气发生、发展的中小尺度天气系统和环境场条件,探讨其演变特征及触发机制,为今后强对流天气预报和冰雹灾害预警工作提供参考。

1　风雹天气概况

2012 年 4 月 10 日夜间至 12 日下午,福建省三明市各县出现了冰雹、雷雨大风、强雷

资助项目:三明市科技发展计划项目。

作者简介:阮锡章(1963—),男,福建尤溪人,高级工程师;长期从事应用气象研究和天气预报服务工作等有关领域的研究。

电和暴雨天气。10日夜间建宁、将乐、沙县的部分乡镇出现冰雹、大风等强对流天气;11日13:50—18:00尤溪县管前、西城、城关、新阳和坂面等乡镇出现了罕见的冰雹大风天气,大田、沙县、清流、永安等县市的部分乡村也先后出现雷雨大风和冰雹,其中,11日14:09尤溪测站出现直径30 mm的冰雹,14:18时宁化测站出现直径25 mm的冰雹,18:34—18:37时永安测站出现27.5 m/s的大风;4月12日16:03—17:04时尤溪县西城镇北宅村、新阳镇葛竹村及城关镇下村再次出现冰雹天气,并出现强降水,尤溪测站最大1 h(18—19时)雨量达26.7 mm,3 h(16—19时)雨量达51.0 mm,24 h雨量达63.8 mm。这次强对流天气强度大,局地性强,破坏性大,以尤溪县最为严重:据实地调查,西城镇的暗头村、红土地经济开发区一带出现最大冰雹直径达30～50 mm、局部冰雹堆积厚度达10～15cm及瞬时风力达11～12级的强对流天气。

　　这次强对流天气有如下特点:(1)连续2天出现强对流天气,移动路径自西向东,逐渐向南缓慢扩展;每日持续3.5 h左右;(2)对流发展较快,从强回波出现到出现冰雹大风不到20 min;(3)4月11日出现的冰雹大风风力强,冰雹大而集中,冰雹大风影响地区烟叶等农作物受损严重,尤溪暗头村附近一片直径约20 cm树木大部分被拦腰折断。

2　强对流天气成因分析

2.1　天气形势分析

　　11日08时的500 hPa图(图1a)上,福建处在槽前西南气流中,850 hPa存在一条东西向风切变线,浙江东部至福建省东北部沿海地区有超过12 m/s的西北偏北风(图1b),地面冷空气已到达浙江至闽北地区,但中午以前闽中闽南地区天气仍较好,气温回升达到28℃以上(10日14时气温升至30.8℃);至11日20时850 hPa(图1c)在闽中北部有暖式切变生成,因此风暴发生时中层呈明显的上升气流结构,利于风暴发展和维持;闽北假相当位温(θ_{se})线密集,锋区生成;结合近地层为明显的辐散气流,风暴下层下沉气流强,产生下击暴流[3,4]。

2.2　物理量分析

　　普查从4月8日至12日厦门、龙岩等探空资料计算出的环境参数可以看出,(1)从10日08时至12日08时对流有效位能(CAPE)、最大上升速度、对流抑制有效位能、风暴相对螺旋度、经验估计最大雹和大风指数这6个因子有显著增大;沙氏指数(SI)明显减小,有利于对流天气的形成和发展;(2)0℃层高度平均4.36 km,−20℃层高度平均7.16 km;冰雹大风期间(10日20时至11日20时)K指数为28～41,沙氏指数为−2.0～−0.5℃;CAPE(湿对流有效位能)厦门介于130～550 J·kg⁻¹,龙岩介于210～950 J·kg⁻¹,这与夏季期间CAPE常达1500 J·kg⁻¹以上相比并不算高,其他物理量也类似,存在一个有利于冰雹发生的阈值[1],不同季节阈值有所变化。

2.3　强天气综合图分析

　　从4月11日08:00强天气综合分析图(图2a)可见,500 hPa高空槽位于西南地区东部,华南地区处于槽前西南偏西风急流控制下;低空850 hPa为西南暖湿气流,水汽充沛,切变线位于江西中北部,等θ_{se}线密集区在江西中部至湖北、湖南中北部一线;地面冷锋位于闽北与浙江交界至江西东北部一带,东端南下更快,冷锋前部区域为偏南风。对流天气

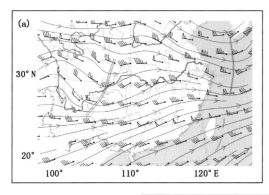
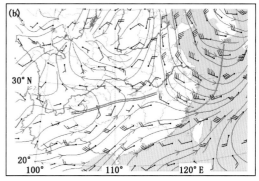
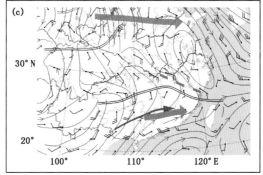

图 1   2012 年 4 月 11 日 08 时 500 hPa(a),08 时 850 hPa(b),20 时 850 hPa(c)风矢场和流场分析图
（蓝色粗箭头为 500hPa 急流,紫色箭头为 700hPa 气流,红色双线为切变线,紫色双线为辐合线）

发生的 3 个基本条件:水汽、对流不稳定和抬升条件都满足,200 hPa 流场图上(图略)福建处在 40 m/s 急流轴右后部,辐散作用明显,利于低层辐合上升气流发展。随着日出后地表气温上升,热力抬升作用增强,对流不稳定增强;偏南风气流也逐渐加强,中低层有更多的水汽和热量输入。11 日 20:00 时(图 2b)850 hPa 切变线略有南压,东段有暖切变形成,锋生明显,高能区(等 θ_{se} 线密集区)在福建东北部至浙江中南部,低层湿轴显著,比湿大于 13～14g/kg;700 hPa 有一相对干层,$\triangle\theta_{se}$(850 hPa－700 hPa)约 4～6℃,上干下湿,这就为午后强对流的发展提供了必要条件。12 日 20:00 时天气图(图 2c)上,低层切变进一步北移,辐合气流明显加强。

通过分析图还可以得出:(1)西南暖湿气流和地面冷锋的影响,它一方面提供水汽、产生对流不稳定的环境条件;另一方面在中低层形成锋区,中层的风垂直切变增大,形成风暴发生发展的动力抬升条件,是此次强对流天气的触发机制;(2)雹暴天气出现在 850 hPa 切变线南侧、850、700 hPa 急流左前方和 500 hPa 急流右前方;(3)热力对流是此次强对流发生发展的重要因素。这次强对流天气过程主要是午后对流发展而形成,在上午及 20 时以后对流都不强,但在下午却产生强烈的雷雨大风和冰雹天气,可见这次强对流天气除了大的环流条件比较有利外,日出后热力抬升作用增强,高能区在福建省中部地区集结利于强对流天气的发生发展。

2.4 强对流风暴系统的发生发展

在有利于强对流天气发生的大中尺度背景下,11 日 13:21 时雹暴回波 a 在三明以东生成,自西向东移动,于 13:40 时前后进入尤溪县境内,强度达 65 dBz,10 min 后到达管前镇,强度增强(图3a),开始出现冰雹;14:04—14:10时发展到最强,最大回波达到72 dBz(图3b、3c),14:10时出现三体散射现象,冰雹和大风主要灾害就是在这一时段造成的;14:28最大回波强度为65 dBz,随后强度减弱,开始进入消亡阶段,历时1 h多;18:23时雹暴回波b在永安市西部生成,18:35时加强成风暴单体,最大回波强度60 dBz,在永安境内出现了10级大风和冰雹天气。12日15:51时雹暴回波c在大田县北部边缘生成,向东移动,约16:03时移入尤溪县新阳镇境内并逐渐加强,期间最大反射率因子超过了70 dBz,出现了弓状回波(图3f)、后侧入流缺口,此时新阳镇葛竹村、西城镇北宅村及城关镇下村村出现冰雹。

由上述可见,产生此次强对流天气的风暴多是以单体形式自西向东移动,最大回波强度在60~72 dBz,局地性强,发展速度极快,这在实际预报服务中需格外引起关注。

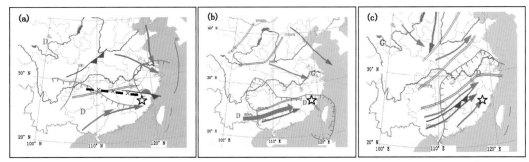

图2　2012年4月11日08:00(a),11日20:00(b),12日20:00(c)强天气综合分析图

(蓝色箭头为500 hPa气流(粗箭头为急流),紫色箭头为700 hPa气流,红色箭头为850 hPa气流,红色双线为850 hPa切变线,紫色双线为700 hPa切变线,蓝色齿线为地面冷锋,绿色线为850 hPa相对湿度>80%,星号为冰雹重灾地)

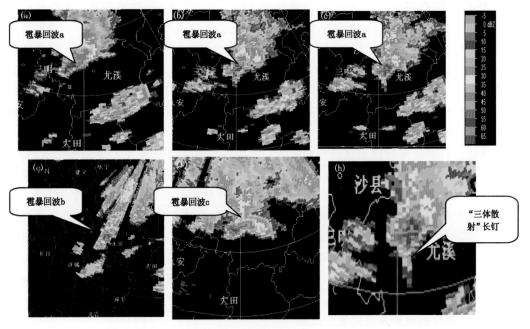

图3　2012年4月11日13:52(a),14:21(b),14:10(c、h),18:35(e),

12日16:27(f)建阳雷达反射率因子

3　小结和讨论

(1)这次强天气过程主要是受西南暖湿气流和冷空气共同影响，午后对流云团发展旺盛，形成局地强劲的下击暴流，西南气流和 11 日中午前气温上升为大气提供了不稳定能量，地面和低层冷空气入侵提供动力抬升是此次强对流天气的触发机制。

(2)局地强对流单体风暴系统和强劲下击暴流是此次冰雹和雷雨大风形成的主要成因，导致雷暴大风风力强、区域局地性强和灾情严重。

(3)强对流天气系统先后在三明市区、永安市和大田县境内触发，快速发展成单体风暴，时间不超过 30 min；雹暴天气出现在 850 hPa 切变线南侧、850 hPa、700 hPa 急流左前方和 500 hPa 急流右前方，这是形成强对流天气的环流形势，然而环流形势、环境参数等与此相近而天气强度不同的情形也很多，需要进行更多的对比分析才能做好预报工作。

参考文献

[1]　林新彬，刘爱鸣，林毅等.福建省天气预报技术手册[M].北京：气象出版社，2013：183-211.

[2]　陈秋萍，傅伟辉，吴木贵等.闽中北冰雹概念模型[J].气象，2004，**30**(6)：48-51.

[3]　刁秀广，赵振东，高慧君等.三次下击暴流雷达回波特征分析[J].气象，2011，**37**(5)：522-531.

[4]　许新田，刘瑞芳，郭大梅等.陕西一次持续性强对流天气过程的成因分析[J].气象，2012，**38**(5)：534-541.

[5]　刁秀广，张新华，朱君鉴.CINRAD/SA 雷达风暴趋势产品在冰雹和大风预警中的应用[J].气象科技，2009，**37**(2)：229-231.

Causation Analysis of a Hail with Gale Disaster Weather in Northwestern Fujian

RUAN Xizhang[1]　　*ZHANG Changrong*[1]　　*CHEN Yanyun*[2]

ZHU Shijie[1]　　*ZU Jixuan*[3]

(1 *Meteorological Office of Youxi County, Fujian Province, Youxi*　365100；

2 *Meteorological Office of Yongan City, Fujian Province, Yongan*　366000；

3 *Meteorological Office of Nanping City, Fujian Province, Nanping*　353000)

Abstract

Using conventional observation data，numerical forecast products and Doppler radar echo data，the analysis was made of hail and rain storm and severe convective weather process in northwestern Fujian in mid-April 2012. The results show that the severe weather process is mainly affected by the southwest warm air and cold air in the afternoon，the development of strong convective clouds，and the formation of local strong downburst. The southwest airflow and thermal convection provide the atmospheric unstable energy，the ground and low layer of cold air intrusion leading to dynamic lifting is the triggering mechanism for the severe convective weather. Gale and hail disasters may be caused by multiple single-cell storms eastward.